河流生态学十八讲

张云昌 著

中国水利水电出版社
www.waterpub.com.cn
·北京·

内 容 提 要

传统的河流生态学是研究原生状态下河流生物以及生物与环境的关系，但工业革命后，特别是大坝建设、轮船工业和化学工业兴起后，河流受到了强干扰，河流的状态发生了巨变，进而严重影响了河流生物。本书作者敏锐地关注到这个问题，凝练提出强干扰河流生态学概念，并进行了长时期跟踪、探索和研究，最终形成了这本理论和实践相结合的学术著作。

本书的主要内容包括水利、水电、水运、水产、水生态环境保护等方面工作的新理念、新认知，河流生态学构建的理论问题，河流生态环境方面存在的问题，河流生态环境修复的方法，特别具有启发性的是作者结合工作实践，从多个方面剖析了三峡工程对生态环境的影响及保护与修复工作这个典型案例。本书的写作是基于长江生态环境监测系统长达30年的连续监测的数据积累和研究分析，因而结论是可信的。相信这部著作的出版对广大从事水利、水电、水运、水产、水生态环境保护工作师生、科研人员、管理人员和一线工作者是大有裨益的。

图书在版编目（CIP）数据

河流生态学十八讲 / 张云昌著. -- 北京 : 中国水利水电出版社, 2025. 6. -- ISBN 978-7-5226-3334-3

Ⅰ. X143

中国国家版本馆CIP数据核字第2025VK9311号

书　　名	河流生态学十八讲 HELIU SHENGTAIXUE SHIBA JIANG
作　　者	张云昌　著
出版发行	中国水利水电出版社 （北京市海淀区玉渊潭南路1号D座　100038） 网址：www.waterpub.com.cn E-mail：sales@mwr.gov.cn 电话：（010）68545888（营销中心）
经　　售	北京科水图书销售有限公司 电话：（010）68545874、63202643 全国各地新华书店和相关出版物销售网点
排　　版	北京中水润科技发展有限公司
印　　刷	天津嘉恒印务有限公司
规　　格	170mm×240mm　16开本　16.75印张　214千字
版　　次	2025年6月第1版　2025年6月第1次印刷
定　　价	**78.00元**

凡购买我社图书，如有缺页、倒页、脱页的，本社营销中心负责调换

版权所有·侵权必究

序　言

2010年我在三峡工程建设结束后调入国务院三峡工程建设委员会办公室工作，分管三峡工程竣工验收和运行，提出了要运行好三峡工程，实现长江不老。其具体措施可以总结概括为"一条主线、三个同时"，即以长江生态调度为主线；流域内各级党委政府要同时加大经济布局、经济结构、产业结构调整；流域内企业和群众要同时加强生产、生活方式转变；流域内生态环境要同时以自然恢复为主、人工修复为辅。张云昌同志是我在国务院三峡工程建设委员会办公室工作时的同事，十余年来，他一边工作，一边学习，发表了很多有影响的论文，作了很多次行业内外的演讲，他对河流生态学的研究具有较深的理论造诣和丰富的实践积累，现结集出版部分学术成果，为新时代河流健康的研究打开了新的空间和视角。

中国式现代化是人与自然和谐共生的现代化。我们要站在维护国家生态安全、中华民族永续发展和对人类文明负责的高度，加强生态保护和修复，为子孙后代留下绿水清山的生态空间。河流生态学以生态优先、节约集约、绿色低碳的发展理念为指导，以良好的生态环境支撑经济和社会高质量的发展，为中国式现代化提供水利方案，贡献水利智慧，实现人与自然和谐共生。

人类面临水资源短缺、能源安全、粮食安全、生态环境恶化等方面的重大挑战。水既是基础性的自然资源，又是重要的战略资源，水资源永续利用支撑着社会经济发展。能源是世界经济增长的最基本的驱动力，经济发展带动了能源消费量的急剧上升，为保证能源供应、应对气候变化，世界各国都致力于发展清洁可再生能源。粮食安全始终是关系国民经济发展、社会和谐稳定的全局性重大战略问题，中国人的饭碗必须牢牢端在自己手上。我国明确把保护生态环境放在更加突出的位置，要像保护眼睛一样保护生态环境，像对待生命一样对待生态环境。河流生态学研究要结合这些重大问题，直面高质量发展实践需求，深化对河流、湖泊的认识，辩证分析水工程与水生态的关系，更好地治理江河、保护江河。

中国式现代化，要坚定不移走生态优先、绿色发展之路。为人民治理江河，是我们在当前的经济和科技条件下，认识自然、改造自然、防治水患的必然选择；为人民保护江河，是我们在新时期大力推进生态文明建设、解决生态环境问题、实现高质量发展，不断满足人民群众日益增长对优美生态环境需要的必然要求。加固大堤，建设分蓄洪区，修建水利工程，为江河安澜、保护人民生命财产安全发挥了重要作用；开展生态调度，防范洪灾旱灾、解决好水多水少等问题，让人民生活更加幸福；深入推进大保护，维护水生态，形成新的水生环境，让环境更加优美；提供清洁能源，服务于供水、补水、灌溉、河口压咸，使水资源永续利用。我们的目标是实现河流健康、水系安全、江河不老！

是为序。

2025 年 6 月

自 序

《河流生态学十八讲》终于和大家见面了，这是我关于河流生态问题的研究与思考，对与错、深刻抑或肤浅，现在呈现于读者诸君面前，敬请大家指正。

这本书是过去六年我关于河流生态方面的发言、演讲和论文的精选，在内容编排上，第一讲是合编的四篇发言稿，主要讲水利工作的新理念、新认知；第二讲～第四讲，主要讲河流生态学构建的理论问题；第五讲～第七讲，主要讲河流生态方面存在的问题；第八讲～第十讲，主要讲河流生态修复的方法；第十一讲～第十八讲，从多个方面剖析了三峡工程对生态环境的影响及保护与修复工作这个典型案例。

能够编辑出版本书，首先是得益于对三峡工程生态环境影响的长期监测。三峡工程论证期间争议最大的问题之一是对生态环境的影响，论证的结论是有利有弊，利大于弊。三峡工程环境影响评价报告提出了减缓生态环境影响的十条措施，其中一项是建设三峡工程生态环境监测系统。按照论证和环评要求，原国务院三峡建设委员会办公室联合有关部委和中国科学院建设了跨部门、跨专业，从长江上游到河口的生态环境监测系统，1994年筹备，1995年开始运行，1996年发布了首份三峡工程生态环境监测报告。其后监测系统虽经两次调整完善，但其主要监测内容没有改变。该系统从1995年开始到今年运行了30年，积累了海量数据，使我们对工程的生态环境影响有了比较清晰的了解，对相关问题的认识有了大量的数据支撑。

其次是三峡工程三十余年建设和运行管理的丰富实践。这些年三峡工程管理部门联合沿江省市、科研单位，实施了生态调度、增殖放流、建立各类自然保护区、控制污染、关停企业、外迁移民等各种生态环境保护措施，取得了明显成效。

再次是师友的教诲。治江治河是一代又一代人的探索，一代又一代人的接续奋斗。过去几十年，我有幸在李鹏、钱正英、郭树言、陆佑楣、蒲海清、魏廷琤、陈厚群、曹文宣、郑守仁、漆林、袁国林、高安泽、索丽生、高金榜、宋原生等老一辈政治家们和科学家们领导下工作，当面聆听他们的教诲，使我受益无穷。其他师友也给了我很多指导和帮助，水利部部长李国英早在二十多年前就提出了"河流伦理"概念，为河流生态学研究开辟了广阔空间。湖南省人民代表大会常务委员会副主任陈飞在三峡系统工作期间，提出了"江河不老"的理念，促使我反思水工程对生态系统的影响并开始做系统研究；中国水利水电科学研究院胡春宏院士对长江泥沙的研究，使我思考河流边界条件和河流系统性的变化；中国工程院唐洪武院士向全国人民代表大会提交了大力加强水生态学基础理论研究的提案，深化了我对河流生态学学科构建的认识；中国工程院许唯临院士教会了我很多山区河流的知识；陈大庆、庄平、常剑波、段辛斌等同志是鱼类生物学专家，教会了我许多鱼类生物学的知识。中国长江三峡集团有限公司董事长刘伟平，中央纪委国家监委驻自然资源部纪检监察组组长魏山忠，水利部副部长王道席、朱程清、陈敏、刘冬顺，原水利部副部长、中国大坝工程学会理事长矫勇，水利部总工程师仲志余、总规划师吴文庆、总经济师程殿龙，水利部司长阮利民、张祥伟、金海、于琪洋、张文洁、倪文进、陈东明、谭文、郭孟卓、曾向辉、袁其田等，国家发展和改革委员会范恒山、科学技术部黄灿宏、农业农村部衣艳荣、环境保护部常仲农、国家林业局封加平，高校和有关单位教授、研究员杨开忠、张日清、杜子芳、郭生练、王俊、李义天、杨桂山、朱伟、韩博平、王桂仙、周建军、傅旭东、李丹勋、徐梦珍、张曼、周建庭、袁兴中、刘兴年、刘德富、孙忠权、彭静、窦希萍、李原园、李云玲、林初学、樊启祥、陈文斌、张曙光、胡甲均、汤鑫华、程晓陶、彭文启、周维、何平、彭振武、夏青、郑丙辉、刘怀汉、胡晓群、韦凤年、史红玲等，审读了部分书稿并给予指导。

在长期的研究工作中，我们形成了一个河流生态学研究的群体，这个群体中王建华、许全喜、潘晓杰、李明、刘晓波、王雨春、黄伟、李德旺、陈小娟、赵进勇、胡鹏、苏莉、杨梦瑶、丁洋、郭荣鑫、张业刚、王翔、刘博、李觇家、郭珅、李志鹏等同志对本书各讲内容的写作给予了帮助；我们组建了水库生态学研究协作网，协作网的同仁提供了大量的案例和数据，在此我表示诚挚的谢意；同时也要感谢中国水利水电出版传媒集团总编辑李中锋和编审左晓君，他们的精心策划和编辑使本书得以和读者见面，了却我一个心愿。

我深深地知道，在博大丰饶的自然面前，在汹涌澎湃的河流面前，我们的认识还十分浅薄，这本书也只是河流生态学方面的一部探索性、引导性作品，但我坚信："河流生态学、强干扰河流生态学这棵幼苗一定能长成参天的大树。"希望广大读者能参与到这一伟大的工作中来，为这棵幼苗培土、施肥。为了江河不老、为了碧水长流、为了我们的孩子和未来。

张云昌

2025年6月15日

作者简介

张云昌，男，教授级高级工程师、编审。

历任北京市林业局、首都绿化委员会处长，国务院三峡工程建设委员会移民局、办公室处长，中国三峡出版社社长，国务院三峡工程建设委员会办公室水库管理司副司长、巡视员；现任水利部三峡工程管理司一级巡视员，兼任河海大学教授、中国水利文学艺术协会副主席、中国大坝工程学会水库大坝公众认知委员会副主任。

主持编辑出版《众志绘宏图——李鹏三峡日记》《李鹏论三峡工程》《二十五史水利资料综汇》《农民增收百项关键技术丛书》《新农村建设丛书》等社会效益和经济效益俱佳的图书。在人民日报发表的《播撒一片绿荫——党的第三代领导集体关心首都绿化纪实》和《中国绿化的一面旗帜——写在开展全民义务植树运动二十周年之际》获全国林业好新闻特等奖。

长期负责三峡工程建设和运行管理工作，制定有关政策并组织实施；2020年组织完成三峡工程整体竣工验收工作。

目 录

序 言

自 序

第一讲　把水利工作提升到生态水利的新境界 ………………………… 1

第二讲　建构河流伦理的八个理论和实践问题探讨 …………………… 10

第三讲　强干扰河流生态学基本问题与技术体系探析 ………………… 20

第四讲　水库生态学构建中的十个基本问题 …………………………… 29

第五讲　长江大保护中的五个水生态热点问题剖析 …………………… 42

第六讲　剖析建设环境友好型水利工程需要关注的九个水生态问题 … 51

第七讲　长江水运建设与河流生态保护的研究与实践 ………………… 57

第八讲　浅谈水生态保护与修复的理论和方法 ………………………… 67

第九讲　论我国水生态保护与修复的任务与对策 ……………………… 76

第十讲　污水资源化利用是解决我国水安全问题的关键一招 ………… 88

第十一讲　三峡工程生态环境保护成效与展望 ………………………… 93

第十二讲　三峡水库蓄水 20 年回顾与展望 …………………………… 103

第十三讲　三峡工作高质量发展的八个问题 …………………………… 112

第十四讲　江湖关系的历史和未来 ……………………………………… 129

第十五讲　关于水利水电工程使用寿命问题的探讨 …………………… 148

第十六讲　水工程管理的理论和实践——以三峡工程为例 …………… 160

第十七讲　努力使三峡工程成为全球水工程管理运行的典范 ………… 230

第十八讲　关于三峡工程史的五个问题 ………………………………… 236

参考文献 …………………………………………………………………… 247

第一讲

把水利工作提升到生态水利的新境界

(2022—2024 年)

第一部分　把水利工作提升到生态水利的新境界

水利部党组高度关心水利干部的教育培训，高度关心水利干部的成长，这次培训是水利部党组第二次系统地组织学习贯彻党的二十大精神的集中培训。

今天，我将通过讲述三个河流治理的具体案例，谈一些认识与体会。

第一个河流治理案例：两条河的治理。第一条河是坐落于北京市西城区广安门外的南护城河，是一条两岸和水底都是混凝土的水通道，不再是河流。另一条是北京市海淀区的万泉河，2024 年河流治理完成，也治理成了混凝土的水通道。南护城河是早年治理的，还可以理解，万泉河是 2023 年开始治理的，治成没有河流生态的水通道，投入不少人力和财力，令人惋惜。

第二个河流治理案例：2023 年 2 月 27 日，中国工程院胡春宏院士组织三峡工程泥沙专家到洞庭湖去调研考察，考察结束后召开了座谈会。在座谈会上，湖南省水利厅介绍要对洞庭湖进行生态疏浚，湖南省自然资源厅的同志发言说，洞庭湖是自然保护区，在生态红线里，不能动。我发言讲，洞庭湖列入国际重要湿地名录，新中国成立后泥沙淤积 46.9 亿 m^3，洞庭湖湖盆平均淤积 1.2m，洞庭湖作为湿地的结构和功能面临崩溃，洞庭湖生态治理和修复的主要矛盾是泥沙淤积，修复当然要把在湖盆里、在生态红线里淤积的泥沙清出去一部分。

这个问题，对于有生态学基础知识的学者是不言自明的，但现在却成为了水利部门与自然资源部门、环境保护部门各方争论的问题。

第三个河流治理案例：2022 年 11 月 2 日，中央批准了三峡水运新通道工程。三峡水运新通道工程就是在三峡新建一个船闸。三峡工程修好后，长江上中游航运量激增，导致现有的三峡船闸拥堵严重，现在平均待闸时间已超过 171h。要修新船闸，环境保护部门就建议我们修鱼道，不修鱼道就不让修船闸。

修水利工程就要修鱼道，这个问题，我相信在座的很多专家和学者都经历过。这个问题我们跟生态环境部门讨论了十几年。究竟要不要修鱼道？什么样的工程要修鱼道？鱼道的过鱼效果如何？长江水利委员会水工程生态所原常剑波所长调到武汉大学，对于三峡工程要不要修鱼道的问题，常剑波跟他的导师中国科学院曹文宣院士意见有分歧。这个问题，水利部门跟环保部门是有分歧，水利系统内部也有分歧。

这三个案例说明我们水利系统对水、河流的理解有偏差，同时也说明对如何保护和修复水生态的认识还难以达成统一。

为此，我提一些建议，实现水利高质量发展，要把水利工作提升到生态水利的新境界。

一要转变观念，转换操作系统，推进水利工作革命性转变。要进一步深化对水、水利工作的认识。水、河流不光是水、水资源、水旱灾害，还是生命载体、是生态系统、是我们的家园。要进一步深化对生态文明的认识，要认识到生态文明是一种更高形态的文明。要努力推进水利工作战略重点的转移，实现从工程水利、资源水利到生态水利的转变。

二要补齐水生态学这门学科。我调研过几所大学，水利类院校基本不安排水生态学这门学科。我们在工作中出现一些偏差，有很多争论，与我们缺少水生态基础知识有关。补齐这门学科课，要从学校教育抓起，大学里要讲这门专业课。要编写水生态干部培训教材，对相关干部进行轮训。

三要加强水科学基础理论的研究。水利部部长李国英讲的六条路径之一：复苏河湖生态。我从事长江三峡工作，最近我一直在思考，长江生态修复的目标是什么？我们要把长江生态修复到什么样的状态？这实际上是一个水科学的基础理论问题——强干扰河流的水生态学基础理论研究问题。目前，在我国基本上没有一条没受干扰的河流，而且大部分河流是强干扰，但这个基础理论国内很少有人研究，这个问题应该研究解决。再说一个问题，全国约有9.5万座水库，水库是一种独特的人工生态系统，我问了一些同志，对这种生态系统如何描述也说不清。这些问题不研究清楚，我们如何做修复工作？

第二部分　拓展泥沙科学研究的新边疆

中国工程院胡春宏院士这次让我来，是想让我讲讲水生态学，但时间太紧，来不及准备，就报了刚刚在《水利学报》发表的文章《江湖关系的历史与未来》，向大家汇报。大会让我致辞，给了我一个机会，我简单讲讲水生态学问题。

一、水生态学在中国是发展比较滞后的一个学科

水生态学在水利院校基本不讲，在农业院校也基本上是作为水产养殖的知识背景讲的，教学科研的滞后致使整个学科落后，在生产实践中也出了很多问题。

传统的水生态学研究的重心是原生状态下河湖生物间的关系和生物与环境的关系，但现在的问题是人类已经基本上找不到一条原生状

态下的河流或一个原生状态下的湖，在强干扰条件下的生态学基础理论问题的研究现在才刚刚开展。目前在水生态的保护与修复方面，国内专家学者在三个方面在做努力：一是中国科学院夏军院士团队，研究方向是生态水文学，主要研究水文过程对水生态影响的机理；二是中国水利水电科学研究院董哲仁教授团队，包括中国水利水电科学研究院水生态研究所的一些同志，研究方向是生态水工学，主要研究水工程对水生态的影响及修复的技术；三是我和我的团队，主要研究工程运行对水生态的影响及通过运行调度修复水生态的原理与技术。我这个刚刚起步，在2024年中国水利学会年会上我们把初步的研究成果作了汇报。

二、泥沙问题是河流科学研究的牛鼻子问题

长江大保护，国家出台了很多文件、很多措施：划定生态红线、治理污染、规范采砂、十年禁渔等等，这些都很重要，但我们更应关注那些看不见的、影响长远的、根本性问题。这几年我反复讲泥沙问题是长江保护与修护的牛鼻子问题，是因为河流泥沙决定河流形态，河流形态决定河流生态，这个问题应未雨绸缪，早做准备，超前研究。

泥沙问题的边界条件发生根本性变化，如果不发生大的战争和饥荒，全国主要河流产沙量大幅减少的趋势不会变化，过去泥沙问题的核心是产沙量大、来沙量大，现在及将来的问题是产沙量锐减，来沙量锐减。有一段时间，我们认为沙少了，是不是问题就解决了，但现在看来，沙少了的问题更大。李国英同志任水利部部长后，专门听取了三峡工程建设司的工作汇报，我汇报，过去18年来，荆江河段平均冲深了3m，预测未来30年还要冲深3～4m。李国英部长说，如果真是这样的情况发生，我们这些人要承担历史责任。

在"十三五"泥沙课题汇报会上，我反复讲，对策、对策、对策

要管用、清晰。

泥沙锐减的关键是这个"锐"字,"锐"就是突变、陡变。这种急变带来无法预料的后果,这是我们传统的泥沙研究没有遇到过的问题。

要把泥沙科学研究的边界拓展到河流形态学、河流生态学领域。最近在征求对"十四五"规划实施方案的意见,我没深入研究,江西省的鄱阳湖建闸和湖北、湖南的三口改造应该在这里面,但老实说,有些原理性的东西还没有弄清楚。治水我们是吃过亏的,围湖造田,黄河断流。现在大家担心,在一些原理性的问题没弄清楚的时候,工程就开工了。

当下河流泥沙最迫在眉睫的问题,一是河流泥沙与河流形态的关系;二是河流形态与河流生物的关系;三是河流泥沙与河流营养及生物的关系。

"共抓大保护、不搞大开发,努力把长江经济带建设成为生态更优美、交通更顺畅、经济更协调、市场更统一、机制更科学的黄金经济带,探索出一条生态优先、绿色发展新路子"(来源:新华网,2018年4月26日,习近平总书记主持召开第二次长江经济带发展座谈会的讲话)是习近平总书记站在中华民族长远发展的高度作出的部署,让我们一起努力,抓住泥沙这个牛鼻子问题,拓展泥沙科研的边疆,作出我们的贡献。

第三部分 打破隔离,加强基础理论研究推动过鱼设施建设事业健康发展

2022年过鱼设施研讨会今天终于召开了,这应该算中国大坝工程学会过鱼设施专业委员会的年会,在疫情反复的情况下能够召开这个会议很不容易,首先祝贺本次研讨会的胜利召开。我本人还担任中国

大坝工程学会水库大坝公众认知与公共关系工作委员会的副主任委员，在此，也代表该委员会对本次研讨会的召开表示祝贺，预祝本次研讨会圆满成功，取得丰硕成果。

今天，我汇报三点想法。

第一是打破隔离，打破壁垒，携手推动水生态的保护与修复工作。早些年，常剑波同志在水利部、中国科学院水工程生态研究所工作的时候我去拜访，发现水工程生态所的工作人员，几乎都是学生物和生态学的，对工程知之甚少。后来到各地调研多了，发现这个问题很严重，工程界和生态界是彼此隔离的两个世界，而且这个隔离是三重隔离，工作隔离、知识隔离、情感隔离。这个隔离必须打破，不然就不能形成"共抓大保护"的合力。工程学和生态学都形成了庞大的知识体系，打破隔离、打破壁垒很难，但再难也必须去做。

第二是要拿出有说服力的实绩。从调研和文献资料看，国内过鱼设施总体上存在数量少，大部分运行效果不好的问题。重庆交通大学刘贤同志的论文《国内鱼道发展的困境与对策研究》中提到：没有针对鱼道建立起完善的管理机制，设计比较粗糙，规范不够细化，鱼道研究缺乏大量的基础资料，导致国内大部分已建鱼道运行不佳。这个与我们了解到的情况是一致的。这个问题不解决，过鱼设施事业不可能有大的发展。这个问题不解决还会让人产生为工程而工程等不好的想法。

第三是做好顶层设计，深入推进系统解决过鱼设施建设的基础理论问题。这些年关于过鱼设施建设问题争议很大，有几个问题一直在我脑子里没有答案：生态陷阱问题，没有目标鱼种要不要修鱼道、没有目标鱼种鱼道如何设计问题，现有水利水电设施的过鱼效果如何等等。实际上，关于过鱼设施建设的基本问题还有很多，比如中国特有鱼类的生物学特性和洄游规律、鱼道设计、建筑材料等等，这些问题都需要深入研究。希望中国大坝工程学会过鱼设施专业委员会发挥牵头作用，做好顶层设计，集合各方面力量，系统解决这些基础理论问题，为过鱼设施建设事业健康发展作出贡献。

第四部分　大力加强水生态学基础理论研究

在过去几十年中，我国农业、工业和城市的发展，再加上水利工程建设等取得的成就，为经济社会发展提供了坚实的基础保障，但同时也对自然环境造成巨大压力，特别是对水生态系统产生了重大影响。以水利工程建设为例，一方面，其在保障供水、发展农业灌溉和水力发电、防洪安全等方面发挥了巨大作用；另一方面，也使江河湖泊的面貌发生了巨变。在河流上建设的水坝和各类建筑物大幅度改变了河流地貌景观和水文情势；过度的水资源开发利用，造成河流干涸、断流，对水生态系统产生了重大影响。当前，我国发展已经进入战略机遇和风险挑战并存、不确定因素增多的时期，水资源短缺、水生态损害、水环境污染等新问题越来越紧迫，而这一系列亟需解决的实践问题需要系统的基础科学支撑。因此，为促进水利工程建设等行业的生态友好发展，推动人水和谐共生的水生态文明建设，亟需开展水生态学基础理论研究。为此，我提出如下建议：

一是流域高质量发展亟需流域生态学基础理论支撑。我国流域水生态系统属于高度复合的人工—自然生态系统，特色鲜明。当前，我国长江、黄河等重点流域的高质量发展取得的成效尚不稳固，流域经济、社会、环境和生产、生活、生态用水等各方面的关系仍不完全协调。因此，为了兼顾流域可持续发展的多种需求，需要发展完善具有中国特色的流域水生态学基础理论。

二是河湖生态复苏亟需水生态学基础理论依托。我国水生态文明建设仍然面临诸多矛盾和挑战，大部分河流都经过大规模的人工改造，有些河流如黄河、海河，已经演变成高度人工控制的河流。在此条件下应结合我国的国情、水情和河流自然特征，科学提出复苏河湖生态环境路径，这就需要完善的水生态学基础理论来提出复苏的路径，为江河不老、永续利用提供基础科学依据。

三是水生濒危物种保护亟需强化水生态基础理论研究。相较于陆地生态系统，水生态系统的复杂性使得水生态的基础理论研究相对薄弱，限制了对水生濒危物种保护的深入研究和有效开展实施保护措施的能力，如中华鲟等保护效果不佳。为了改善水生濒危物种的保护状况，需要加强水生态学基础理论研究，提高对水生态系统的认识，并制定针对性的保护措施和计划。

四是水生态治理重大决策亟需系统性水生态学基础理论支持。系统性研究的缺乏导致针对水生态问题很难形成一个认知上的共识，使得具体水生态问题的决策和措施难以达成共识。例如，鄱阳湖该不该建闸？三峡水运新通道是否要补建鱼道？洞庭湖清淤是否合法？消落区应不应该种树？不同学者或管理者可能持有不同观点，导致决策具有复杂性和困难性。种种迹象表明，这些问题的解决需要大力加强水生态学基础理论研究，从而为水生态系统的管理和保护提供更科学的依据和更系统的决策支持。

为在更高阶段上进一步深化水生态学基础理论研究工作，使得水生态治理具备科学的理论基础与工作范式，我提出以下建议：

一是尽快组建"水生态"方向国家实验室，加大科技投入力度，加强具有中国特色的水生态学基础理论研究。集中优势人才、装备和设施等资源，组建跨学科科研团队，开展水生态学基础理论研究，在理论指导下攻克一批"卡脖子"关键技术，着力提升流域水生态系统保护和修复的能力。加强生物学、生态学、地理学、水利工程学、环境科学等交叉学科研究，并促进水生态学与人工智能等新兴学科的融合，构建更为全面系统的水生态系统理论框架，科学揭示人类活动和气候变化干扰下的流域水生态系统内关键生态过程、结构和功能的变化，破解相关的系统性科学难题。

二是提升综合流域水生态系统"监测—评估—诊断—修复"一体化的能力。组建全国水生态学研究网络，涵盖科研、规划、设计、管理等不同领域单位，充分考虑生态监测、健康评估、问题诊断、生态修复等环节，强强联合，优势互补，构筑合作创新平台；提升基础理论研究与实际应用的结合，以七大流域的典型河湖（库）为研究对象，将基础理论应用于具体的案例研究中，通过对水生态修复科学方法论实践摸索，打造全国河湖生态修复工作的示范基地，并鼓励和支持基础理论在水生态修复技术开发、水资源管理和水生态保护政策制定中的应用，促进水生态学理论的创新和实践的深化。

三是推动水生态问题社会共治。加强水生态环境问题的教育和科普工作，广泛普及水生态学基础理论等知识，传播水生态文明理念，不断提升全民生态文明素养；鼓励建设水生态教育实践基地，资助出版水生态学基础理论相关的科普读物和影视作品等，全方位提高全民水生态环境保护意识，引导公众积极参与水生态保护修复；鼓励社会组织和个人建言献策，推动形成全社会共同保护水生态的思想共识和行动自觉，努力营造共建共治共享格局和人与自然和谐共生的良好社会氛围。

第二讲

建构河流伦理的八个理论和实践问题探讨

（2024年9月11日）

  良好生态环境是建设美丽中国的基础。党的十八大以来，习近平总书记从中华民族永续发展的高度出发，深刻把握生态文明建设在新时代中国特色社会主义事业中的重要地位和战略意义，大力推动生态文明理论创新、实践创新、制度创新，形成了习近平生态文明思想。2014年3月14日，习近平总书记在关于保障国家水安全重要讲话中，提出"节水优先、空间均衡、系统治理、两手发力"治水思路，明确要求"让河流恢复生命、流域重现生机"，亲自擘画、亲自确定了国家"江河战略"。2023年3月22日，水利部部长李国英在联合国水大会全体会议一般性辩论发言中，提出"建构河流伦理"的倡议：尊重自然界河流生存的基本权利，把河流视作生命体，建构河流伦理，维护河流健康生命，实现人与河流和谐共生。2024年5月21日，在第十届世界水论坛上，《河流伦理建构与中国实践》报告正式发布，李国英部长在发言中进一步指出：建构河流伦理，就是要把自然界河流视作生命体，尊重河流生存与健康的基本权利，调整人与河流关系的价值取向、道德准则、责任义务和行为规范，让河流永葆生机活力，推动人类社会可持续发展。李国英部长两次在国际大会的讲话中提出的建构河流伦理，是学习领悟习近平生态文明思想，贯彻落实习近平总书记"节水优先、空间均衡、系统治理、两手发力"治水思路和关

第二讲　建构河流伦理的八个理论和实践问题探讨

于治水重要论述精神的最新成果。

河流伦理是河流哲学问题，是新的关于水利工程建设和人水关系的认识论，建构河流伦理需要进一步深化对当前水利工作主要矛盾、水工程对水生态影响、水工程使用寿命问题等治水规律的认识，转变观念，采取措施，推动落实落地。

一、深化对水、河流、湖泊的认识，建构河流伦理知识体系

党的十八大以来，在习近平生态文明思想指引下，人与自然和谐发展理念深入人心，河湖生态保护与修复取得了显著成效。李国英部长适时提出的建构河流伦理、复苏河湖生态环境，是学习领悟习近平生态文明思想、贯彻落实习近平总书记"节水优先、空间均衡、系统治理、两手发力"治水思路和关于治水重要论述精神，推动新时期水利高质量发展的实现路径。

深研河流伦理内涵外延，才能建构河流伦理知识体系。要进一步深化对水、水利工作的认识。水、河流、湖泊不仅关系到水资源、水旱灾害，还是生命载体、生态系统和人类的家园。因此，既要保护河流里的各种生物，也要保护河流的健康生命。河流伦理的自然科学和实践基础是河流生态学，要加强河流生态学研究，特别是对强干扰河流生态演变规律的研究，以此建立河流伦理的知识体系。

水利工作者是河流生命健康的守护者和代言人，要将河流伦理的行为规范和准则要求贯穿于法律、战略、政策、规划、标准等制定和执行的全过程，统筹好经济社会发展与维护河流生命健康的关系；要坚持多部门协作，致力于打造和维护健康的河流生态系统；要在全社会形成爱护保护河流的风尚。建构河流伦理，需要全社会广泛凝聚共识，形成善待河流、善用河流、善治河流、善享河流的合力。社会公众是

河流保护治理的参与者，也是水福祉的直接享用者，要树立尊重河流生存与健康权利的河流生命价值观，坚持简约适度、绿色低碳、文明健康的生活生产方式。

二、深化对当前水利工作主要矛盾的认识，充分发挥水利部门在解决"四水"问题中的基础性作用

习近平总书记指出，要统筹推进水灾害防治、水资源节约、水生态保护修复、水环境治理。同时指出建设生态文明，首先要从改变自然、征服自然转向调整人的行为、纠正人的错误行为。

人既有开发河流利用水资源的权利，更有尊重自然保护河流的责任和义务。新时期我国治水主要矛盾已经从人民对除水害兴水利的需求与水利工程能力不足之间的矛盾，转化为人民对水资源水生态水环境的需求与水利行业服务能力和监管能力不足之间的矛盾。我们要转变观念，担负起协调水资源开发利用与水生态健康之间关系的责任，把水生态保护与修复工作作为今后水利工作的主战场之一，推进水利工作革命性转变，努力推进水利工作战略重点转移，实现从工程水利、资源水利到生态水利的转变。

河湖水生态保护与修复是水利部门的法定职责。2018年，中共中央办公厅、国务院办公厅印发的《水利部职能配置、内设机构和人员编制规定》明确，水利部指导水域及其岸线的管理和保护，指导重要江河湖泊、河口的开发、治理和保护，指导河湖水生态保护与修复及河湖水系连通工作。水利部门要履行职责，在水生态保护与修复中发挥基础性和骨干性作用。

三、深化水工程对水生态影响的认识，调整完善水利工程布局

正确认识水工程对水生态的影响。一是水工程不可或缺，其在保

障防洪安全、加强水资源合理利用、促进国民经济发展、保障人民生活等方面具有不可替代的重要作用；二是水工程给自然生态带来了系统性影响，有些影响甚至是不可逆的；三是过去的实践证明，通过采取措施，能消除或者减轻水工程对自然生态系统的影响。

水工程对水生态影响的实质，是在大坝阻隔、航道建设、梯级水库开发、过度取水、河渠硬化等水工程累积影响下，水域生态系统内关键生态过程、结构和功能发生改变，生物因子与生境因子错配关系加剧，并进而演替成了新型生态系统。科学规划、建设、运行水工程的前提是深刻理解这种新型生态系统的特点，在此基础上叠加生态系统服务功能，以减轻水工程对水生态的损害，实现人与自然和谐共生，其理论基础是强干扰河流生态学。例如科学管理与运行水库，需建立对水库生态系统演替规律的认知，并综合考虑水库生态系统的服务功能。而水库生态系统演替的最终结果是否是水库生态修复的目标，还需进一步通过长序列生态监测数据来验证。

新中国成立后，我国有两次水利水电建设高潮，在取得显著建设成效的同时也形成了现在小、散、乱的水利水电工程格局。要辩证地看待这个问题，一方面，这些工程在不同的历史时期发挥了重要作用；另一方面，某些工程存在设计不科学、建设质量差、在整个流域中布局不合理、破坏生态环境等问题。现在有条件、有能力对此进行调整和完善，应按照"确有必要、生态安全、可以持续"原则，站在系统、流域、生态角度，重新审视水利规划，调整优化水利水电工程格局。

四、深化对水工程使用寿命问题的认识，高质量高水平建设管理水电工程

水利水电工程的使用寿命问题是水利水电工程建设与管理的中心问题，也是水利工作实现高质量发展的一个重大理论和实践问题。正

确认识该问题有利于转变观念，实现水利工作的革命性变革；有利于厘清水利水电工程建设和管理运行的目标，促进水利水电行业可持续发展；有利于节约资源和资金，保护生态和环境，实现人与自然的和谐发展。

应树立水利水电工程建设和运行管理是长期使用这一基本认知。现行法规对水利水电工程使用寿命问题没有作出明确规定，《水利水电工程合理使用年限及耐久性设计规范》（SL 654—2014）上标明的年限实际上是水利水电工程最低使用年限。水利系统的专家对水利水电工程使用寿命问题进行了长期研究，现有成果可支持水利水电工程长期使用。虽然在坝体表面与大气接触过程中，可能存在碳化、冻融破坏和高速水流冲蚀等问题，但以当前混凝土技术水平，只要从设计、材料、施工等方面采取严格措施，这些表面损伤是有可能避免的。以碳化为例，如果混凝土质量达到佛子岭水库大坝的水平，碳化深度达到20cm需要100万年。中国历史上一些著名的水工程，例如都江堰、灵渠、郑国渠等，历经2000多年，现在仍在发挥效益。

应树立永续利用观念，以水利水电工程长期使用为目标，深化水利改革，推进水利高质量发展。三峡工程、南水北调工程等特大型工程在可预见的未来，其功能作用是巨大的、无可替代的，因此其设计、施工、运维都要按照长期使用、永续利用理念进行。对于区域性的中小型工程，其对区域的作用和影响与大型工程对全国的影响是一样的，也要秉持该理念。工程设计和建设质量是水利水电工程长期使用、永续利用的基础，要用长期使用、永续利用的理念指导工程设计和建设，推进病险水库除险加固、提升改造工作，加强工程建设质量管理。应深化水利工作管理体制机制改革，把建立岁修制度作为深化水利管理体制机制改革的一项根本制度。要改革水利投融资体制，不断增加运维投资的比例；认真研究制定不同类别水利水电工程岁修的标准和定额；加强水利水电工程运维人才培养，不断提高工程管理水平。

应深化钢筋混凝土等主要建材抗侵蚀性、耐久性和水库泥沙淤积等问题研究，为水利水电工程长期使用提供科技支撑。钢筋混凝土发明至今只有170余年历史，其侵蚀机理和劣化作用的最终后果亟须厘清，对其坚固性和耐久性的研究也有待检验，作为一种"新建材"，需要对其进行长期的监测和研究。

五、深化对生态调度工作的认识，推进江河湖库的精细化调度

生态调度是水生态保护与修复的第一选择，广义上的生态调度是指在兼顾防洪、发电、航运等社会、经济效益的同时，也能维持河流生态健康安全的水资源调度模式。生态调度实践大致分为六种：保证最小生态需水量、改善水质、调整水沙输移过程、保护水生生物、恢复岸边植被、维护河流生态系统完整性等。生态调度的主导思想也经历了满足河流的最小生态需水量，模拟自然水文过程，修复河流生态系统关键生态功能的逐渐演变过程。狭义上的生态调度主要包括两种：一是以特定生物目标为导向的调度工作，如中国长江三峡集团有限公司开展的以促进四大家鱼产卵为目的的调度；二是以特定生态要素为导向的调度工作，如以保证水库下游生态基流为目标的调度。

我国生态调度实践成效显著。以中国长江三峡集团有限公司组织的促进四大家鱼产卵调度为例，在三峡水库10年（2011—2020年）共计14次生态调度期间，下游沙市江段产漂流性卵鱼类自然繁殖变化，除了2016年、2020年外，其他年份生态调度的实施对促进产漂流性卵鱼类繁殖起到了积极的作用。2017—2018年通过宜都断面的鱼卵径流量较2009—2010年增大了85.3%，尤其是四大家鱼的鱼卵径流量与2005—2012年相比增加了约13倍。以三峡水库为核心的长江梯级水库群联合调度实施10年来，在防洪、抗旱、航运、发电、生态和应急

事件处置中发挥了十分重要的作用,今后应在气候变化和人类活动影响的应变能力提升、水利工程效益和效率提高、梯级水库群及水网工程联合调度的制度和机制完善三个方面开展进一步研究。

生态调度目前在国内外开展的时间不长,理论和实践基础都还很薄弱,在生态文明建设新时代,要组织多学科力量开展联合攻关,完善理论,丰富实践,进而制定重要河流生态调度的目标、标准、规程,实施生态调度,促进重要河流的生态保护与修复。促进水资源调度发展成为一门学科,建立水工程调度专家系统,实现由防洪期调度向一年四季精细调度、由被动应对向主动作为、由经验调度向科学调度的转变。

六、深化对河流生态系统复杂性的认识,用生态的方法修复生态

河流生态系统的复杂性主要体现在两个方面:一是河流生态系统内部五大要素的相互作用。河流生态系统涵盖水文情势时空变异性、地貌形态空间异质性、纵向-横向-垂向三维连通性、物理化学适宜性、生物群落多样性等五大要素。水文情势是维持生物多样性和生态系统完整性的基础,河湖地貌形态决定了生物栖息地的多样性、有效性及总量,三维连通性维系着河流生态系统物质流、物种流、信息流等过程,水体物理化学特征适宜性直接影响着河流生态系统的健康,这些生态要素各具特征,并相互作用形成有机整体,对整个河流生态系统产生重要影响;二是河流生态系统外部压力的响应和适应能力。近40年来,我国水利工程建设为经济社会发展提供了坚实的基础保障,但也对生态环境造成了巨大影响,尤其是对河流生态系统造成了重大干扰,我国大部分河流生态系统已经逐步演变为自然-人工高强度干扰下的复合生态系统,并且由于不同地域的气候、水文等自然条件不同,不同

区域河流生态系统的结构与功能存在明显差异，大大增加了河流生态系统的复杂性。

用生态的方法修复河流生态，最重要的是构建河流生态学、水库生态学等基础理论，揭示修复河流生态系统的特征阈值及演替规律，定量确定河流生态系统修复目标。例如，生态环境部将过鱼设施建设作为水利工程特别是水利枢纽工程环境影响评价的重要内容。一些水利枢纽工程建成后，鱼类生境从流水态河流转变成静水态湖库，势必导致鱼类优势群落从流水型鱼类转变为静水型鱼类，过鱼设施建成后将坝下流水型鱼类引导至静水区域的措施的科学性，需要基于水库生态学理论进行科学论证，应识别河湖相交替转换模式下的水库生物群落空间分异格局，揭示随水库生态系统演变过程鱼类适应性策略调整机制，对过鱼设施建设的必要性进行科学研判。

在无重大污染输入情况下，河流生态修复主要包括自然水文特征塑造、河流自然结构形态营造和生物群落恢复3个方面。自然水文特征塑造主要通过水利工程运行和调度。河流自然结构形态营造主要通过自然生态工法，恢复河道的地貌异质性、连通性和多样性。部分河道整治工程人工渠道化严重，河道三面光、硬质护岸等问题导致地貌异质性降低，无法满足生物栖息地需求。生物种群结构可通过生物技术、生境营造、栖息地改善等方法，恢复和提高生物多样性。德国莱布尼茨淡水生态与内陆渔业研究所 Johannes Radinger 团队通过在20个湖泊中开展持续6年的实验观测，比较了基于生态系统的栖息地改善措施与传统以物种为中心的增殖放流措施的鱼类种群恢复成效，结果表明基于生态系统的栖息地管理比增殖放流更有效，营造湖滨浅水栖息地能持续提高鱼类种群（特别是幼鱼群体）的个体数量。

七、深化对水旱灾害的认识，对洪灾旱灾进行分级管理

水旱灾害不仅是自然现象，也受人类不合理开发利用土地资源的

影响，其自然属性是一种极端水文现象，社会属性是人类对山地、平原的过度开发利用。应根据灾害的严重程度、受影响的区域和人口、经济损失等因素，进行科学的分级管理。一般来说，洪灾和旱灾可以分为轻微、中等、严重和特大4个等级，要比较防治不同等级水旱灾害的经济性，采取相应的应急响应措施和管理策略。通过科学分级管理洪灾和旱灾，能够更有针对性地制定应急预案和防治措施，确保在灾害发生时能够迅速有效地进行应对。

要算好水旱灾害防御的经济账。经过努力，我国水旱灾害防御体系建设取得了巨大成绩，近年来"人员不伤亡、水库不垮坝、重要堤防不决口、重大基础设施不受冲击"成为现实，但山洪等灾害具有突发性、点多面广、地势偏僻的特点，做到绝对无人员伤亡难度更高。同时绝对安全就是绝对投入，需对水旱灾害防御的经济账进行统筹分析，系统施策。

要注重发挥水旱灾害防御体系的整体功能，处理好"主动扒"与"被动冲"的关系。在近年的防洪实践中，安徽王家坝、江西鄱阳湖分洪取得了很好的效果。根据《国家蓄滞洪区修订名录》，我国一共设置了98处国家级蓄滞洪区，总面积约3.4万km^2，总蓄洪容积约1067亿m^3。随着城镇化进程的加快，蓄滞洪区周围城镇边界扩大，蓄滞洪区内湖泊、湿地不断被开发为农业、工业用地。目前正在修编国家蓄滞洪区规划，宜按照"高标准、扒得开、蓄得住"的原则，规划建设好蓄滞洪区。同时应管理、运用好蓄滞洪区，协调城市发展用地与蓄滞洪区空间布局的适配关系，在蓄滞洪区的防洪安全、生态修复、绿色发展、社会教育等多功能之间找到平衡点。

八、深化对发展改革紧迫性的认识，推进水利管理体制机制改革

水利是全国资源资产量最大的行业之一，应全面落实党的十八届

三中全会《中共中央关于全面深化改革若干重大问题的决定》、党的二十届三中全会《中共中央关于进一步全面深化改革、推进中国式现代化的决定》中的相关制度要求,进一步深化改革。建立水流产权制度、水资源有偿使用制度和生态补偿制度、水资源节约使用制度、水权交易制度"四项制度",完善重点生态功能区的生态补偿机制、水价形成机制"两项机制",做好顶层设计,统筹推进。

要全面履行战略规划制定、监督、公共服务等职能,善用、会用、用好市场机制,发挥市场在资源配置中的决定性作用,更多运用金融信贷、水权交易、水价改革等鼓励社会资本参与水利建设的手段,增强水利发展生机活力。要以特许经营模式将用水权授予企业,盘活水资源,实现资源资产化、资产市场化,推进排污权、用能权、用水权、碳排放权等权益市场化交易。

九、结语

河流伦理属哲学范畴,其自然科学基础和实践基础是河流生态学,李国英部长提出的"复苏河湖生态环境"路径需要河流生态学提供基础理论支撑。水利工作应以河流伦理为引领,以河流生态学为依据,深化对治水规律性的认识,并在这个过程中把水生态保护与修复作为今后水利工作的主战场之一,持续做好河湖生态环境复苏工作,努力推动水治理体系和治理能力现代化。

第三讲

强干扰河流生态学基本问题与技术体系探析

（2023年12月7日）

一、概述

近40年来，我国水利工程建设为经济社会发展提供了坚实的基础保障，但也对自然环境特别是对水生态系统形成了巨大压力。一方面，在保障供水、发展农业灌溉和水力发电、防洪安全等方面发挥了巨大作用；另一方面，也使江河湖泊面貌发生了巨变。在河流上建设的水坝和各类建筑物大幅度改变了河流地貌景观和水文情势；过度的水资源开发利用造成河流干涸、断流，对水生态系统产生了重大影响。如何使水利工程运行管理与水生态保护和谐统一成为水利部门的重要课题，比如已建大坝增设鱼道的理论基础和依据，河道型水库的管理依据是河流或湖泊，强干扰河流生态修复目标如何制定，强干扰河流的健康标准如何确定，河流开发的限度与阈值如何表征与度量，流水变为静水后河流上游生物适应性策略调整对支流系统的生态学意义如何认识等。

近年，世界范围内河流生态学研究出现了一些新特点，主要表现在以下几个方面：一是建立在全球水文圈—生物圈、流域、河流廊道和河段等多尺度大量观测资料基础上的河流生态系统过程研究，丰富了河流生态学理论。二是改变了长期以来河流生态学以原始自然河流为研究对象的局面，研究重点转向自然和人类活动双重作用下的河流生态系统演替规律，适应了近百年来河流被大规模开发和改造的现实。三是社会需求的增长为河流生态学的发展提供了动力。河流生态学的应用领域不断扩大，特别是为流域一体化管理和河流生态修复提供了一种科学工具，为管理决策提供了多种选择。四是信息技术的发展，特别是遥感技术和地理信息系统技术为河流生态学大尺度的景观格局分析提供了工具。五是河流生态学与相关学科交叉融合，形成了许多新的学科生长点，一批边缘交叉学科兴起。

总体来看，水域生态系统研究重点是水域生命系统与生命支持系统之间复杂、动态、非线性、非平衡的关系，其核心问题是研究水域生态系统结构、过程和功能，以及生物与生境因子之间耦合、反馈关系。在大坝阻隔、航道建设、梯级水库累计影响、过度取水、河渠硬化等强干扰人类行为影响下，水域生态系统内关键生态过程、结构和功能已发生巨变，形成了新型生态系统，需要深刻理解这种新型生态系统的特点，进一步指导水利工程的建设运行，亟须构建强干扰河流的生态学基础理论，为生态友好的水利水电工程运行管理提供理论基础。

二、强干扰河流的定义、分类及生态学特征

1. 强干扰河流定义

强干扰河流可定义为：河流生态系统受到自然、人为因素或二者的共同干扰，使系统的某些要素或系统整体发生不利于生物和人类生存要求的量变和质变，系统的结构和功能发生与原有平衡状态或进化方向相反的较大位移。具体表现为河流生态系统基本结构和固有功能的破坏或丧失、生物多样性下降、稳定性和抗逆能力减弱及生产力下降。

2. 强干扰河流分类

根据干扰类型，可将强干扰河流分为自然强干扰河流和人为强干

扰河流；根据干扰机制，可分为物理强干扰河流、化学强干扰河流、生物强干扰河流；根据传播特征，可分为局部强干扰河流、跨边界强干扰河流。

3. 强干扰河流生态学特征

强干扰河流会发生系列生态变化。生物多样性方面，首先是特征种、优势种消失，然后从属种相继消失，伴生种迅速发展，生物多样性发生变化，质量下降，价值降低，功能衰退；层次结构方面，种类组成发生变化，优势种群结构异常，群落结构矮化，整体景观斑块呈破碎化；食物网结构方面，食物网简单化，食物链缩短，部分链断裂和解环。

三、强干扰河流生态学基本问题研究框架

1. 强干扰河流水沙变化规律及多因子耦合机理

水和泥沙共同作用塑造水生态系统结构和功能，对维持生物多样性和完整性至关重要。悬浮物和水体中的污染物（如重金属）受到有机物和化合物的作用富集到泥沙中，将会对水生生物产生一定危害，影响水生态系统健康。因此，深入研究水－泥沙－污染物－生物之间的耦合作用机理，对保护水生态系统至关重要，包括建立河流泥沙变化与河流形态的关系、河流形态与河流生物的关系、河流泥沙与生物及污染物的关系，研究泥沙冲淤变化对河流形态与河势变化影响的规律，阐明河道整治工程和水沙变化对鱼类繁衍生息和重要湿地的影响，最终提出生态良性维持和修复技术。

2. 水文情势——生态要素长历时响应关系

自然水流状态的流量大小、频率、发生时间、持续时间、变化率等五个要素一般被视为维持、保护河流生态系统生物多样性和生态功能的核心。河流生态系统的退化往往是由多种因素综合作用导致的，其中一个重要方面为水文状态发生变化或流量减少。因此，明晰河流

水文情势——生态要素响应关系，就可以明确水文变动引起的生态改变，从而为相关河流有目的地恢复提供依据。美国科罗拉多州立大学生物学 Poff 教授等人梳理归纳了水文情势-生态要素响应相关的 165 篇文章，其中，关于自然水流状态五个要素的生态响应均有研究，流量大小方面的研究是最多；生物响应对象包括鱼类、底栖动物、河岸带植被、初级生产者、鸟类等；响应要素关系是指表征水文、生态过程的多个因子之间相关关系的定性与定量分析。

在研究过程中，应突破目前生态需水和环境水流研究的局限性，不应仅关注流量，还应考虑生态流量过程以及水域生态系统演替的水文机制等，研究长历时人类活动造成水文情势改变的生态响应机制、流域水循环过程与生态过程的关系、生态水文过程的尺度转换等。

3. 水文—地貌—景观格局演变机理与驱动机制

河流地貌的形态与变化过程是河流生态系统结构与功能的重要影响因素。在愈发关注河流科学、河湖生态修复实践以及定量研究生态环境各要素关系与影响的背景下，明确河流地貌与生态之间的相互作用显得尤为重要。不同空间尺度的生态系统之间形成嵌套层级结构，生态学家通常以"自下而上"的递进顺序进行研究，即微生境尺度—地貌单元尺度—流域尺度，然而地貌学家则常与之相反。但无论研究顺序如何，地貌特征变化都被视为生物多样性和其栖息地状况的重要驱动因素。在研究过程中，应基于河流生态系统空间与时间尺度，考虑强干扰河流在流域、河流廊道、河段、地貌单元、微栖息地五种不同尺度下的影响机制，以及河床地貌演化和沉积物分布的影响等，研究强干扰河流水文过程变异驱动下的地貌单元结构演变，以及基于河流水文过程变异与河段地貌单元多样性变化共同驱动形成的景观斑块演变机理，探究水系水文—地貌—景观格局对关键栖息地功能维持的驱动机制，提出改善栖息地功能的控制对策。

4. 生物多样性对强干扰河流生态系统功能稳定性的维持机制

生物多样性的功能和服务是人类可持续发展的基础，物种灭绝将造成大部分功能区脆弱性风险提升，因此防止生物灭绝尤为重要。其中，淡水生态系统对于自然和社会有着不可替代的作用，地球上各洲和流域的淡水生物多样性出现一定程度下降，而且下降的速度明显快于陆地生态系统。在研究过程中，应基于生物多样性与河流生态系统功能及其稳定性的关系，阐明生物多样性对强干扰河流生态系统功能稳定性的作用机制；识别强干扰河流生态系统功能稳定性对物种丧失的响应规律，明晰关键类群，阐明关键类群物种变化对强干扰河流生态系统功能稳定性的影响。

四、强干扰河流生态学研究技术体系

针对强干扰河流生态系统特点，考虑包含水体、消落带、滨水区三个层级的水库生态系统结构功能特征以及三峡工程影响区重点水生生物"三场一通道"等，从水库生态系统、水工程生态调度、过鱼设施、水生生物保护区、鱼类洄游特性五个方面建立强干扰河流生态学研究技术体系。

1. 水库生态系统三区保护

开展以水体、消落区、滨水区为对象的水库生态系统结构与功能特点研究，科学识别不同区域生态系统特点，分析其演变特征与趋势；提出水库生态系统特征指标体系，识别不同区域的主要生态压力因子，定量分析河流干扰强度，进而构建一套生态系统恢复潜力评价指标体系，分区分类评估区域生态恢复潜力，提出不同区域生态系统恢复潜力优选清单和恢复指标。

（1）水体。

富营养化是影响水库水体质量的重要问题。库区水体富营养化是流域尺度内陆域和水域人类活动共同作用的结果，随着水库中氮、磷污染不断增加，出现严重富集问题，加重富营养化，藻类水华暴发的频率也增加。水体富营养化会严重影响库区生态平衡，导致生态系统结构和功能退化。库区水域内的生态修复技术包括生态清淤、生物控藻、生态水位调控、前置库、原位一体化生态修复技术等。

（2）消落区。

水库消落区的物理结构具备水陆交错的特点，受到陆域和水域生态系统的交互影响。在长期反复淹水—出露和干湿交替作用下，消落带原有生境将发生剧烈改变，许多植物不适应新生境而难以生存，原有植被逐渐消亡，生物的多样性丧失，生态系统结构简单化，生态功能衰退。消落带生态系统受周期性反季节水淹影响，植物主要受水淹、土壤水分变化和干旱胁迫，很多植被因不能适应这种环境变化而消亡，导致植被群落结构发生剧烈变化。以三峡库区为例，三峡工程建成后，消落带植被群落组成发生了变化，逐渐由原来的乔灌群落转变为草本群落，并且草本群落所占比例不断提高。反季节性水淹对于乔灌木和多年生草本植物的冲击十分剧烈，长期水淹环境对于三峡地区原有的很多多年生草本和灌木有着致命影响。另外，环境的改变可能导致本地物种相对于侵入种的竞争能力下降。自然状态下，本地种更具竞争力，且具有较快的生长速率，但侵入种对盐分胁迫、干旱胁迫、水淹胁迫具有较强耐受能力。环境改变将导致本地种被侵入种所替代，并逐渐发展为优势种。乡土物种不能正常更新是导致其衰减的主要原因。相关的修复方法包括消落带植被修复、消落带立地条件构建、消落带植被配置等。

（3）滨水区。

滨水区的修复目标是通过管理措施和工程措施，恢复其规模和功能，首先保障行洪安全，同时恢复生态系统的结构、功能和过程。管理措施是指通过严格执行《中华人民共和国防洪法》《中华人民共和国环境保护法》等，划定水域岸线生态保护红线，明确滨水区河滨带的所有权和管理权，建立健全管理机构和管理办法。在生态保护方面，通过滨水区河滨带植被重建，恢复滨水区河滨带植被固岸、遮阴、缓冲等生态功能。设计滨水区缓冲带时应充分考虑缓冲带位置、植物种类、结构布局及宽度等因素，以充分发挥其功能，而这些要素又取决于缓冲带的立地条件，包括污染类型和负荷、缓冲带截留和转化污染物的能力、降低污染的程度等。

2. 水工程生态调度

我国现有闸坝的调度运行，在汛期以防洪调度为主，非汛期以供水调度为主，对上下游河道水环境与水生态保护考虑较少。在闸坝调度运行中，应考虑河道内生态环境需水量。对于节制闸，要考虑生态环境下泄水量，对支流沟口挡洪闸，按照设计功能运行，在非汛期尽可能敞开闸门。因此，需研究在已建水库中，通过调整部分兴利库容为生态库容，从而完善生态功能；结合水库除险加固工程，对水库原有功能进行调整，增加生态用水功能，确定生态用水库容。

闸坝群的生态调度从生态需水及水环境质量两方面统筹考虑。水生态方面，闸坝调度时，为维护河流健康，考虑下游的生态需水，特别要在枯水期保证一定的下泄水量；对于有多级闸坝的河流，必须实行上下游闸坝联合调度，补充闸坝区间的河道水量，维持河道内生态用水，为生态系统自我修复创造条件。水环境方面，在闸坝水质水量联合调度、保证小流量下泄的基础上，考虑根据闸坝间的蓄水情况和部分闸坝区域联合调度，提高河段的水环境容量。

3. 过鱼设施种类及结构形式比选

闸坝截断河道后，阻断了鱼类的天然洄游通道，建造过鱼设施以便于鱼类在克服水流落差情况下过坝，是保护和发展江河鱼类资源的措施之一。按鱼类洄游特性，可分为溯河洄游过鱼设施和降河洄游过鱼设施两类。洄游过鱼设施包括仿自然鱼道、旁路水道、竖缝式鱼道、鱼闸、升鱼机等。

溯河洄游过鱼设施和降河洄游过鱼设施设计有多种技术和结构可选择，应根据主要洄游鱼类种类及其行为习性、洄游季节、洄游特性和路线、游泳能力以及枢纽下游聚集区域状况等生物学特性，结合筑坝河流河段形态、场地空间、水文特性、地质条件、工程布置、工程特征水位及调度运行方式，综合开展多种方案设计，并通过经济技术论证，因地制宜确定。

4. 水生生物保护区布局优化

制定恢复鱼类洄游通道规划需在流域范围内进行，合理制定鱼类洄游目标，选择目标鱼类物种，量化生物、水文、栖息地等生态目标，并通过监测、调查和评价，识别主要洄游通道，特别要识别溯河/降河洄游鱼类通道，对于干流、支流、湖泊、水库实行优先排序，选择重点河段和重点水利工程，以解决关键洄游通道问题，并制订分期实施计划。

需研发形成重点水生生物产卵场、索饵场和越冬场的变迁图景、预测方法以及修复技术。三场修复技术包括多种类型、构件和材料，比如人工鱼巢技术，包括浮动式人工鱼巢、鱼礁式人工鱼巢和护岸式人工鱼巢等。

5. 长江中游主要鱼类洄游路线刻画

鱼类洄游特性的研究内容主要包括其洄游的规律、特点、路线、时间等。鱼类洄游行为研究方法有很多种，基于是否进行捕捞可将其分为两类：依靠捕捞和不依靠捕捞的洄游行为研究。前者包括标志回捕、密度变化分析和单位捕捞努力量渔获量（CPUE）等手段，结合其时空尺度的变化进而获得鱼类的空间迁移和洄游行为；后者包括视频观察电阻率技术法和水声学技术。标志回捕技术是研究鱼类洄游行为的重要方法，目前已被证明是鱼类洄游行为研究中最重要的方法之一，能够快速、长期和大范围识别和定位鱼类，具有高时空分辨率，并可以在一些人迹无法到达的地方使用。密度变化分析和单位捕捞努力量渔获量是基于在相同区域出现出生、死亡、迁入和迁出的原理采用的分析方法。

五、结语

基于强干扰河流生态学基础理论，结合三峡工程特点，形成三峡库区生态研究理论框架；强化三峡工程自身安全以及防洪、供水、生态等功能安全，从本质和全局上把握三峡库区的生态保护修复方向和战略，进一步提出优化三峡工程运行管理的有关政策建议。

识别三峡库区水生态系统的演变特征与趋势，分别针对三峡库区水库、支流、消落带、滨水区4种不同区域的特点，开展相应的生态修复技术研究与应用。

在开展强干扰河流生态学基本问题研究时，需明晰强干扰河流的定义、分类、生态学特征，揭示强干扰河流生态系统的演变规律，进而确定生态修复的目标，并研发相应的修复技术。以三峡工程为例，可为着眼"大时空、大系统、大担当、大安全"，强化三峡工程等水利工程自身安全以及防洪、供水、生态等功能安全管理的战略总要求提供坚实理论基础和技术指导，推动水利行业基础学科创新，为江河永续利用提供基础科学依据，为建设、管理运行好生态水利工程、推动新阶段水利高质量发展提供技术支撑。

第四讲

水库生态学构建中的十个基本问题

（2025年1月10日）

一、构建水库生态学是推进水利高质量发展的重要支撑

党的十八大以来，在习近平生态文明思想指引下，人与自然和谐发展理念深入人心，河湖生态保护与修复取得了显著成效。水利部部长李国英提出的建构河流伦理，是学习习近平生态文明思想及贯彻落实习近平总书记"节水优先、空间均衡、系统治理、两手发力"治水思路和关于治水重要论述精神，推动新时期水利高质量发展的实现路径。河流伦理的自然科学和实践基础是河流生态学，特别是对强干扰河流生态演变规律的研究。

水库作为半人工、半自然的独特淡水生态系统，具有强"自然—人工"复合特征。由于世界各国的水库多数建设时间较短，对水库生态系统的研究和数据积累很少，国内外将水库生态学作为湖沼学的一个分支，很多针对水库生态的研究都是以湖沼学的基础理论为基础开展的，但在一定程度上忽略了水库由于人工调度影响，在水动力机制、生境条件和生物演变等方面与湖泊的重大差异。目前水库生态学尚未形成系统的理论体系。

水库与湖泊相比具有六大特性，是水库生态学研究的客观基础。一是阻水壅水特性。阻水壅水特征造成了纵向连通性阻隔及水深和流

速的纵向梯度变化。壅水水流是库区水流运动的基本形式。库区河道水深沿程增大，壅水程度增加，壅水条件下水流属于非均匀流，在坝前水深达到最大。二是水文调节特性。水库的建设改变了自然河流的水文过程，形成了一种人为的流量变化模式，涉及日调节、周调节、月调节、季调节、年调节和多年调节等多种周期模式，不同周期模式会产生不同的生态环境效应。三是调度泄水特性。水库周期性调度泄水，决定了水库及下游河道的水动力机制，进而影响水沙关系、温氧条件及营养盐变化。四是水位波动特性。水库调度引发水位变化，进而影响水库热分层的强度、库内低氧区和氧极值区的空间分布、消落带淹没—出露周期等。五是泥沙淤积特性。水库建设改变泥沙自然空间分布，泥沙从库尾到坝前分布分异性显著，壅水程度增加，水流挟沙力随之减小，从而导致库区泥沙淤积。六是功能驱动特性。防洪、供水、发电、养殖等功能对水库生态系统有着特定影响，多个功能的协同方式往往决定了水库调度模式。

我国现有约 9.5 万座水库，库区水面总面积约 5.3 万 km^2，是河流面积的 1.1 倍、淡水湖泊面积的 1.3 倍，在支撑区域经济社会发展的同时，水库已经成为流域生态系统的重要组成和关键节点。我国水库众多，分布广泛，类型多样，库龄与发育阶段不同，但长期以来我国缺乏针对水库生态的系统性研究，水库生态系统的演变规律一直未被系统总结，其水文地貌过程、水质过程、水生生物过程的耦合作用机理尚不明确，导致对水库生态系统结构与功能的认识不够深刻，对水库生态保护修复若干实践问题的回答和解决缺乏基础支撑，所以亟须形成一套系统的水库生态学理论体系。

二、水库生态学的十个基本问题

水库生态学研究包括但不限于水库生态系统、水库分类、水库水动力、水库调度、水库泥沙、水库营养、水库功能、水库生态系统演变、水库生态系统保护与修复、水库与河流的关系等十个基本问题，其逻辑框架见图1。

1. 水库生态系统

水库与湖泊是完全不同的生态系统。湖泊是自然形成的，通常是由于地壳的自然变动或水流的自然充填作用在大陆凹地处形成的静止或缓流的水体。水库则是人类为了供水、发电、灌溉等目的人为建造的工程设施，主要通过修建水坝在峡谷、丘陵或平原洼地中形成。湖泊生态系统较为自然，生物群落的分布和种类较多样，沿岸区和湖心区的生物种群丰富度差异较大。水库生态系统则受到人工调节方式的显著影响，干支流来水情况及水库功能决定了水库水动力学机制，进而对水温、溶解氧、营养盐、生物群落等产生影响。

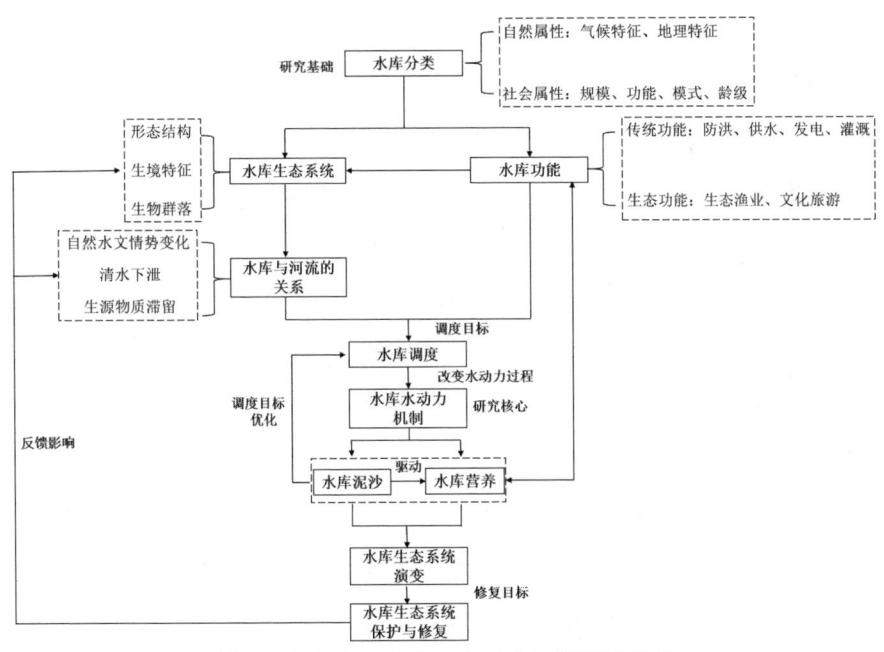

图1 水库生态学的十个基本问题逻辑框架

根据水库入水口到大坝不同区域具有不同的形态特征，水库可在三维空间上分为纵向分区、垂向分层、横向分带。纵向分区包括变动回水区、过渡区、坝前静水区；垂向分层包括温度分层、溶氧分层、光照分层；横向分带包括主流带、入库支流带、库湾带。不同区域的边界在时空上是动态变化的，主要依赖于入库出库流量及季节变化。在水动力过程的驱动下，水库水体中发生的生物地球化学过程通常存在着明显的梯度差异。

对于生物群落结构来说，大坝建成后蓄水、水位抬升，使得大坝上游区域由浅水、急流环境变为深水、静流环境。库区环境的剧变会对生物种群产生一系列影响，最终使得库区的生态系统由河流生态系统变为人工湖泊生态系统。同时库区周边的陆生生态系统和鸟类群落也随之产生复杂的变化。水库建成后会形成新的生物群落和生态系统。鱼类处于水库生态系统营养级的顶级，对生态系统结构具有重要的影响。水库建成后，库区内适应急流的鱼类会显著减少，偏好静水的鱼类数量将大幅度增加。三峡水库运行后，圆口铜鱼、圆筒吻鮈、长鳍吻鮈等喜急流的鱼类逐渐从库区向上游江段或支流迁徙，鲢、南方鲇、鲤、黄颡鱼等适应静水的鱼类成为库区主要优势物种。并且，长江上游特有鱼类种类从上游到坝前也呈现逐渐下降的趋势。

2. 水库分类

水库分类是开展水库生态学理论体系构建的基础工作，也是实施水库综合管理的先决条件。目前的水库分类多从单一角度出发，从某一个侧面反映水库的特征，难以实现对水库生态系统整体性、综合性的刻画。

由于水库生态系统具有强"自然—人工"复合特征，因此水库可基于自然–社会两大属性六个维度进行分类，其中自然属性包括气候特征及地理特征，自然属性决定水库生态系统结构的基本特征，包括水库形态结构、生物群落结构等；社会属性包括水库规模、社会功能、调度模式、龄级等，社会属性决定水库生态系统过程和功能，包括能量流动、物质循环、信息传递等。

3. 水库水动力

水动力过程是水库生态系统的核心，水动力变化驱动着水库"沙—温—氧—盐"等生境因子，进而影响水库水生生物的群落组成及空间分异格局。

对于水库干流，干流水体从上游的流动型水体逐渐转变为坝前的过渡型水体或营养型水体（根据国际湖泊环境委员会对水体滞留时间的划分定义）。在水库变动回水区处，河道相对较窄，水深也较浅，河流入库后水流流速开始减慢，该区域承接上游河流的来水，由于来水会挟带流域中的大量泥沙，常常形成密度流；在过渡区处，河道相对较宽且深，流速逐渐减缓，并且随着水深的增加，库区内的水温分布发生改变，较深水域内部的垂直循环受阻，在过渡区可能会首先出现温跃层，然后向变动回水区和坝前静水区两个方向扩展；坝前静水区位于水库坝前水域，是水库中最宽最深的区域，该区域水流流速最慢，夏季容易出现水温垂直分层现象。总体而言，干流水流在回水变动区垂向差异较小，垂向紊动较强，呈现一维水流特征，越靠近大坝流速越小，在坝前静水区呈现分层现象。

对于入库支流，受到支流上游来水、干流顶托来水两种水温、密度、营养盐等性质特征皆不同的水团复合影响，导致流速流向多变，在入库支流回水区呈现分层异重流，呈现出复杂、特殊的水动力现象。从近20年三峡水库水动力特性分析结果来看，干支流密度差（温度差）驱动的分层异重流、水库日调节调度驱动的高频水流振荡、气象驱动的近表层水体混合是三峡水库支流库湾普遍存在的水动力现象，主导着支流库湾的水温分层和混合过程。

4. 水库调度

水库调度是水库与湖泊生态系统基础理论和研究方法存在差异的最主要原因。水库调度是实现水资源优化配置和高效利用的重要非工程措施，水库调度以其产生的社会、经济、生态环境综合效益最大为目标，按功能目标可分为防洪调度、兴利调度、生态调度和多目标综合调度，目前生态调度在国内外开展的时间不长，理论和实践基础都很薄弱，对生态调度物理机制的研究仍旧匮乏，大量基于经验统计的生态调度工作难以从本质上解决经济发展与生态效益之间的矛盾。未来应深化对调度工作的认识，推进精细调度，使调度发展成为一门科学，实现由防洪期调度向一年四季精细调度、由被动应对向主动作为、由经验调度向科学调度的转变。

对于水库生态系统来说，水库调度改变的主要是水库水位及出流方式，进而改变水库生态系统的核心——水动力，从而影响水库"沙—温—氧—盐"等生境因子。通过合理的水库优化调度，可以减缓水库建设对生物生境的影响，进而影响生物群落。针对水库淤积，水利部门已经总结出行之有效的"蓄清排浑"水库调度运行技术。水库通过采取"蓄清排浑"调度方式，结合运行水位调整及底孔排沙等措施，降低水库泥沙淤积。针对冷水下泄，应根据水库水温垂直分层结构，结合下游河段水生生物的生物学特性，调整利用大坝不同高程的泄水孔的运行，满足水库下游的生态需求。针对高坝水库泄水导致的气体过饱和，应优化开启不同高程的泄流设施，使不同掺气量的水流掺混。针对关键生物的需求，以中国长江三峡集团有限公司组织的促进四大家鱼产卵调度为例，2011—2023 年，三峡水库连续 13 年共实施 20 次"人造洪峰"生态调度试验。调度期间，宜都江段四大家鱼产卵规模达 382 亿粒，在生态调度和十年禁渔计划等工作的共同推动下，长江中游四大家鱼资源量基本接近 20 世纪 80 年代水平，四大家鱼种群结构逐步优化（见图 2）。

5. 水库泥沙

水库建设是造成江河水沙情势变化的主要原因之一。与 1956—2020 年平均值比较，2000—2020 年，全国河流除松花江、钱塘江、疏勒河外，河流年输沙量比多年平均值减少 30%～97%（见图 3）。

第四讲　水库生态学构建中的十个基本问题

以长江为例，2003年后（三峡工程运行后）宜昌、汉口、大通站分别减少93%、75%、69%，并且下泄泥沙颗粒变细。长江干流年均输沙量减少62.62%～93.31%，金沙江、岷江、嘉陵江、乌江梯级水库建成后水库拦沙的减沙贡献权重达90%以上。水库对泥沙的拦截作用会影响水库防洪、供水、发电、航运等功能的发挥，并且会缩短水库寿命，严重的甚至会造成水库报废。另外，清水下泄会导致下游河道被剧烈冲刷，并且由于磷与泥沙亲和力强，约89%的磷会以泥沙为载体通过河流输送，泥沙淤积会导致大坝下游河流寡营养（见图3）。

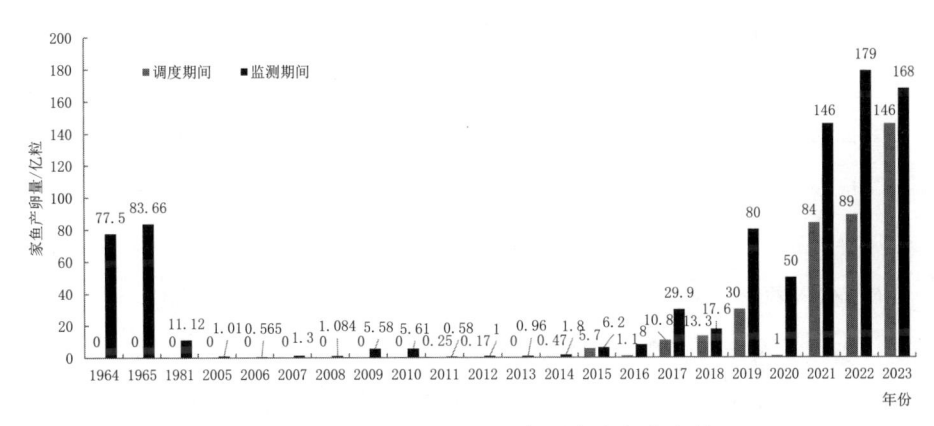

图2　宜都江段1964—2023年四大家鱼产卵量

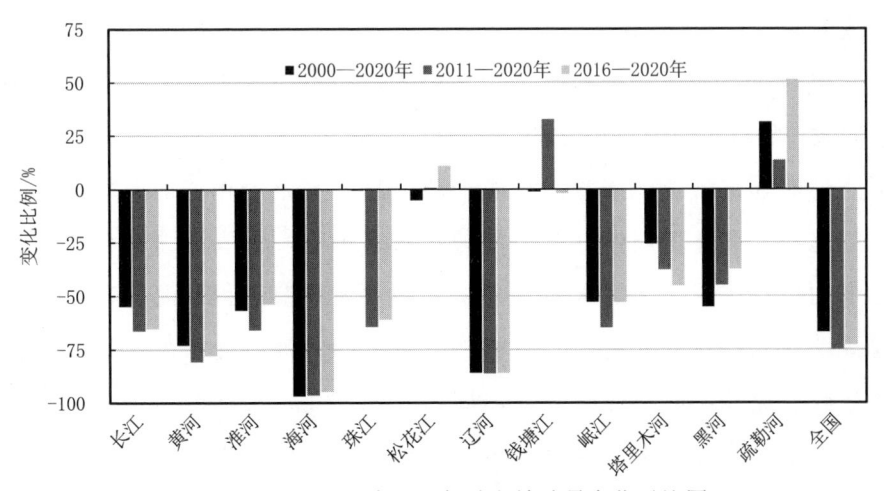

图3　我国主要河流不同年份段输沙量变化对比图

入库河流是水库主要沉积物的来源，水流从流域上游带来的大量泥沙，沿入库口至大坝方向，水动力逐渐减弱，沉积颗粒呈现由粗到细的空间变化特征。但是，目前水库运行导致的水沙关系变化及次生影响，尚未进行系统性地研究。如不同水库调度方式下水库泥沙淤积总量、形态与时空分布变化特征等。水库泥沙沉积、再悬浮和冲淤变化过程不仅直接影响库底营养盐分布和生物生境，也会影响开敞水域的营养物质供给与生物群落组成。科学揭示水库建设运行导致的水沙关系变化及次生影响可为水库水沙和生态调控提供理论和技术支撑。

6. 水库营养

根据生态环境部公布的"2024年第三季度（7—9月）和1—9月全国地表水环境质量状况"，2024年1—9月，205个监测营养状态的湖（库）中共有145个湖库为中营养或贫营养状态，占70.7%；轻度富营养52个，占25.4%；中度富营养7个，占3.4%；重度富营养1个，占0.5%。数据表明我国大部分水库处于中营养或贫营养状态。

水库营养物质的主要来源是入库水流带来的大量泥沙，泥沙挟带着营养盐、无机及有机颗粒物。受水库水动力机制的影响，由于沉积物的损失，流入水库中的营养物质浓度从变动回水区到坝前静水区沿程逐渐降低。

根据水库水动力机制及泥沙淤积规律，本文提出水库营养状态演变假设，除城镇建成区附近的水库外，一般水库建设运行一段时间后，可能会面临贫营养化问题，水库干流会趋于贫营养化，但入库支流富营养化现象会呈现周期性变化。对于水库干流，水库泥沙淤积和泥沙与水的相互作用是影响水库营养状况的主要调节过程。泥沙在水库中因扰动等方式释放的营养物质被新一轮上游来沙所覆盖，导致营养物质被底层泥沙所储存无法释放，周而复始。而对于支流回水区，其营养物质来源途径与干流相比较多，包括支流上游来水输入、干流倒灌异重流补给、内源释放、点面源污染、消落带土壤释放等五大类输入途径，众多的输入途径会导致入库支流回水区库湾频繁暴发富营养化现象。

以三峡库区为例，三峡水库蓄水后库区干流水质整体保持稳定，且呈现向好趋势，受三峡库区蓄水引起的水力条件变化等影响，三峡水库支流整体上由蓄水前的贫中营养状态向中富营养状态转变，目前处于中富营养水平，且富营养化程度有加重趋势。

7. 水库水利与生态系统服务功能

水库功能包括防洪、供水、发电、航运、灌溉、渔业养殖、文化旅游等。其中，渔业养殖功能与水库水生生物群落的调控演替密切相关，可将其与其他水利功能进行区分，更突出生态系统服务功能。对于水库生态系统来说，水库的初级生产力决定了水库渔业潜力。水库初级生产力在刚完成蓄水后达到顶峰，因此各种鱼类的生产力迅速升高，在没有人为增殖投放及育肥的情况下，这些初始状态较高的初级生产力及鱼类生产力会在 5～20 年内下降，并在之后维持在一个较低水平，即随着水库生态系统演变，水库会演变为一个"空库"。

对于管理者来说，全国众多水库作为重要的淡水资源和渔业基地，先后采取了简单引入外来经济物种的"一包了之"策略和禁渔的"一禁了之"手段，但都未能有效解决生态失衡和渔业生产力下降的问题。农业农村部联合生态环境部和国家林草局在 2019 年 12 月出台了《关于推进大水面生态渔业发展的指导意见》，为我国大水面生态渔业发展提供了强有力的政策支持，并明确了可以发展大水面生态渔业的水域范围、渔业模式等。随着我国对湖库水环境保护的要求不断提高，以及长江十年禁渔计划的推进实施，如何兼顾水库养殖和生态保护协同关系，发展可持续的水库渔业，目前还缺乏理论基础支撑。因此，需要开展水库养殖与生态健康互馈机制与协同策略的研究，同时考虑水库供水等多功能需求，提出不同类型水库养殖与其他功能协同发挥的策略。

8. 水库生态系统演变

水库生态系统的演变可以理解为水库中的水生生物及其生境因子受人工干扰（如调度、增殖放流等）的演变规律。从营养物质变化视角来看，水库建设初期由于淹没了大量有营养的土地，使得水库营养物质逐渐升高并达到顶峰，并会在一段时间内趋于平衡，但后期可能由于营养来源途径单一及泥沙覆盖导致的营养物质释放受阻，可能会导致水库主库区营养逐渐下降，最终演变为贫营养状态。暨南大学韩博平教授从营养物质变化视角将水库生态系统演变分为三个阶段：营养物质上涌期、生态过程协调稳定期、水库富营养化及功能丧失期。其中后者的特征规律仍需开展不同类型水库生态系统演变规律分析来进行验证。

从鱼类群落变化视角来看，其受水库营养水平及人工干预的影响极大。以漳河水库为例，从建库至今，其鱼类群落变化可分为三个阶段：第一阶段（1962—1991年），漳河水库建成初期营养物质丰富，并引入长江经济物种，鱼类多样性极高；第二阶段（1992—2010年），引入太湖银鱼，初期产量增长显著，但因与大头鲢和鳡鱼存在种群竞争，到2006年银鱼种群几近灭绝，并且由于顶级捕食者鳡鱼、蒙古红鲌的扩张，进一步改变了鱼类群落结构；第三阶段（2010年至今），水库渔业生产力逐年下降，水体主要营养元素氮磷浓度极低，影响浮游生物产量，导致水库鱼类丰度极低。三个阶段的演替过程反映了种群竞争、外来物种及生境变化等因素对鱼类群落变化的影响，需进一步通过历史数据分析其演替原因。

水库建设后，其生态系统的演替和稳定通常需要一个长期的过程，受水库水利功能发挥、气候变化等因素的影响，水库生态系统演替的最终结果存在不确定性，影响水库生态修复目标的制定，针对不同的水库，修复目标还需要进一步通过长序列生态监测数据来验证。

9. 水库生态系统保护与修复

在水库生态系统保护与修复方面，早期水库生态修复的实践活动主要集中在单一水域，以及水库水质、结构形态或连通性等单一方面。随着理论研究和实践探索的逐渐深入，以生态系统为中心的生态修复理念得到普及。2000年至今，国内规划、设计和运行的过鱼设施有110余座，但大多还停留在单点工程的连通阶段，亟须基于流域生态修复的整体考量进行梯级水库鱼类洄游通道的系统性恢复策略研究。水库生态调度已有研究工作普遍关注鱼类产卵活动发生时，繁殖规模或适宜产卵场生境与水温水文要素的关系，而忽略鱼类在产卵前的亲鱼洄游上溯集群、产卵后鱼卵孵化对适宜生境条件的需求。水库栖息地修复中相关技术参数的确定多基于针对某一珍稀濒危物种或少数物种栖息地干扰因素的分析，措施也多关注水文、水质、地形等单类生境要素的改造，缺少对水库生态系统栖息地演变下不同生境要素组合方式及其支撑的生态过程和针对性保护修复措施的研究。

水库蓄水运行形成了坝前静水区、坝后河段、入库支流等多个水文地貌差异显著区段，生境分布也体现出显著的区段特征。水库生态系统保护与修复应以重要水生生物栖息地恢复为导向，针对其产卵、索饵、庇护、栖息等各个环节，以满足其多过程链式需求为准则开展水库重要生物栖息地的识别和评价，并以调整优化不同区段关键生境的结构为核心，形成多区段多目标多形式的水库重要生物栖息地保护修复技术体系，进而保障重要生物生活史的完成和种群的增长。

10. 水库与河流的关系

水库是河流的一部分，大坝建设对河流生态系统有较多影响：一是河流水库段会形成新的生态系统；二是对大坝下游河段也会产生影响。后者主要体现在三个方面：一是自然水文情势的改变带来河流生态系统过程变化；二是清水下泄导致的下游河道冲刷，从而导致河道重塑过程及其对河流生境的影响；三是水库对于生源物质的滞留作用，导致下游河道贫营养化。

水库蓄水导致大坝下游的水文过程改变，流量、流速、流态发生时空变化，比如流量均一化、大流量减少、中小流量增加等。以三峡工程为例，建成蓄水后，7—9月三峡出库径流量较蓄水前同期均值偏少14%，三峡大坝下游径流脉冲幅度减小35%，径流脉冲幅度减小及水位降低导致滩地淹没频率降低、范围缩小，水域侧向连通性降低，生境多样性降低。并且三峡大坝建成蓄水后，下游水温情势亦发生改变，造成四大家鱼、中华鲟等鱼类的繁殖期推迟。

清水下泄导致河道冲刷下切。目前长江中下游河道将面临长河段、长历时的冲刷调整。三峡水库蓄水运用以来，坝下游河势总体稳定，但河道冲刷明显加剧，2002—2019年，宜昌—湖口中游河段总体冲刷25.59亿 m^3，下游河段总体冲刷20.66亿 m^3。2003年蓄水后同流量下宜昌站水位下降0.72m（6000m^3/s），枝城站枯水位降低0.58m（7000m^3/s），沙市站、螺山站、汉口站的枯水位分别下降了2.65m（7000m^3/s）、1.78m（10000m^3/s）、1.56m（10000m^3/s）。清水下泄还会导致河岸崩塌、江湖水沙交换减弱等一系列问题。

水库尤其是梯级水库的建设，会大幅度改变营养盐的动态变化和生物地球化学循环过程，从而影响河流生态系统的组成和生产力。以金沙江梯级水库为例，总悬浮物（SS）的沉积及总磷（TP）和颗粒态磷（PP）的浓度和通量沿着水库梯级不断下降，与非汛期相比，梯级水库在汛期时截留的TP和PP比例更高。

三、结语

我国是水库大国，构建水库生态学具有重大的现实意义，应以历史数据及持续性的现场调查为基础，分析水库生态系统演变规律，开展不同类型、不同龄级水库的生态系统调查和监测，建立覆盖典型水库的地形底质—水文水动力—泥沙—水质—水生生物的综合数据库，形成覆盖全国的水库生态系统定位观测体系。通过开展不同类型、不同龄级水库生态系统调查，厘清水库生态系统多要素耦合作用机理与演变规律，进而构建水库生态学基础理论体系。

水动力变化驱动着水库的沙—温—氧—盐等生境因子，进而影响水库水生生物的群落组成及空间格局。水库生态学研究应以水动力过程为核心，揭示水库建设运行下水沙关系、温氧条件、营养盐变化的影响机制，识别重要生物生活史特征，阐明水库生态系统的生境变异—生物变化—生态演变的内在联系与驱动机制，进而构建基于水动力学过程的水库生态系统的演变模拟与预测模型，以期为水库生态系统保护与修复提供理论性指导。

第五讲

长江大保护中的五个水生态热点问题剖析

(2019年11月10日)

2018年4月26日,习近平总书记在深入推动长江经济带发展座谈会上的重要讲话中指出:"必须从中华民族长远利益考虑,把修复长江生态环境摆在压倒性位置,共抓大保护、不搞大开发。"水生态修复保护是修复长江生态环境的一项重要工作。

修复长江水生态首先要识别长江水生态存在的问题,本讲对业界和社会关于长江水生态保护中讨论和争议比较多的五个问题进行了梳理,主要包括鱼道问题、江湖关系问题、三峡水库泥沙淤积和下游冲刷问题、中小洪水调度问题、生态调度问题。这五个问题是影响长江生态全局性、系统性问题,牵一发而动全身,认识这五个问题有助于我们做好长江水生态修复工作。鉴于长江水生态问题的复杂性,而且水生态修复是一门年轻的、综合性的应用科学,远没有达到成熟的程度,本文对个别争议较大的问题只是做了分析,并没有给出结论,请读者明鉴。

一、鱼道问题

长江三峡水利枢纽兴建后,长江宜昌—重庆段的航运条件得到了极大改善,加之水运成本低廉,该区段航运量骤增。2011年三峡船闸

第五讲　长江大保护中的五个水生态热点问题剖析

双向运输量已突破1亿t，至2018年三峡船闸运输量已达1.38亿t，然而，船舶在三峡船闸待闸平均时间已高达106h。为此，有关部门开始论证在三峡枢纽兴建第二船闸，由此，引发了有关长江修建鱼道问题的新一轮争论。

长江修建鱼道问题的第一次争论始于中央批准兴建葛洲坝水利枢纽工程，结束于1982年调查确定中华鲟鱼在葛洲坝坝下江段形成了新的产卵场和中华鲟研究所人工繁殖中华鲟成功，前后持续了十多年。当时争论的主要问题集中在两个方面：一是救什么鱼。受葛洲坝阻隔和蓄水影响的鱼类主要是中华鲟、鳗鲡、铜鱼、圆口铜鱼、胭脂鱼、白鲟、四大家鱼、鳡、鳊等。最后经专家研究确定"葛洲坝枢纽的救鱼对象，主要就是中华鲟；对于白鲟，在被论证明确为江海回溯鱼类时，也应加以救护；对其他没有受到严重威胁的鱼，没有必要拯救"。二是采取什么样的措施。专家们对于修建过鱼设施，主要包括鱼道、鱼闸、升鱼机、集运渔船等形式；建筑人工模拟产卵场；进行人工繁殖放流三种方式进行了深入研究，最后确定了采取以人工增殖放流为主的技术方式保护中华鲟。这场争论最后以如前所述葛洲坝坝下产卵场的发现和人工繁殖中华鲟技术的突破而结束。

本次关于长江修建鱼道问题的争论主要是源于2013—2017年（除2016年外）均未监测到中华鲟自然繁殖，中华鲟的繁殖面临严峻形势，环保部门、农业部门要求，在修建第二船闸时"补建过鱼设施"。这次争论的问题主要也集中在两个方面：一是修建鱼道对中华鲟保护是否有效。一部分专家认为中华鲟产卵亲鱼的数量少，常在底层活动，在江面宽、流量大、流速高的长江内，很难有机会找到过鱼设施入口。而且，中华鲟成熟亲鱼个体很大，一般长2～3m，重150～200kg，能否顺利进入和通过过鱼设施也很难确定。即使小部分亲鱼到上游自然产卵，还存在卵、苗能否成活，幼鱼和亲鱼能否下坝等问题，因而反对修建鱼道。另一部分专家认为上述问题可以通过优化设计和采取其他措施解决，要求修建鱼道。二是不为保护中华鲟是否也需要修建鱼道。一部分专家认为不需要，另一部分专家认为即便没有目标鱼种，为保护水生生物物种、生物多样性和渔业资源也应修建鱼道。

这场争论实际上涉及鱼道建设的基础理论问题：没有目标鱼种，需不需要修建鱼道；没有目标鱼种，鱼道如何设计。这两个问题国内渔业专家也并未达成一致的认识。目前这场争论还在持续，有关研究和论证工作正在加紧进行。

二、江湖关系问题

洞庭湖和鄱阳湖（以下简称"两湖"）在长江乃至全球生态系统和生物多样性等方面具有重要地位和独立价值，因此我们认为江湖关系（即长江与两湖的关系）是长江大保护中最重要的关系之一，而且随着生态文明观的推广，这种关系的重要性会越来越凸显。江湖关系主要包括水量、能量、泥沙、污染物质在江湖间的交换和水生生物在江湖间的游动等。

江西省希望在鄱阳湖建闸解决秋冬季节干枯问题，为此做了大量的工作，并将项目列入了"十三五"规划，但在评审阶段受到了中国国际工程咨询有限公司何平教授等生态学家的质疑，没能通过评审，这一事件也使江湖关系问题成了长江大保护的一个热点问题。

尽管长江上游梯级水库的运行对两湖的影响机理不一致，但从表面上看似乎导致了相同的结果，两湖入湖总的水沙量减少，洪水期拦洪削峰，三峡水库蓄水导致两湖枯水期提前至9—10月，冬春季节两湖水位提升。这种影响对两湖来说应该是有利有弊。入库泥沙量减少，有利于延长两湖的使用寿命；洪水期拦洪削峰，有利于减少两湖防洪压力；冬春季节水位抬升，有利于两湖地区人民的生产生活。而枯水期提前，湖面缩小，影响鱼类、鸟类生存，是其不利的一面。

需要指出的是两湖汛后伏秋季节干枯，个别年份出现极枯情况，原因是多方面的：一是两湖由于洞庭四水（湘江、资江、沅水、澧水）和鄱阳七河（赣江、抚河、信江、饶河、修河、昌江、乐安江）众多水库的层层拦截，入湖水量大幅减少。以鄱阳湖为例，2006—2016年9—11月平均水量与1990—2002年比较，七河入湖总水量逐月分别减少23亿m^3、16亿m^3和-2亿m^3（占比分别减少28.2%、28.5%、-3.5%）。二是两湖采砂导致出入江水道河槽降低。据江西省鄱阳湖建设办公室提供的资料，仅2000—2001年湖区登记采砂量就达5.18亿t。实测资料表明，鄱阳湖大量采砂导致都昌以下入江水道河槽最低高程在1998—2010年降低了2.15～10.57m。2010年以后一些断面还在降低。

江湖关系的重要性还体现在对长江渔业资源和两湖留鸟、候鸟的影响。洞庭湖、鄱阳湖是我国首批列入中国国际重要湿地名录的自然保护区。洞庭湖有鱼类23科114种，鸟类41科158种。鄱阳湖共有鱼类122种，鸟类近250种。两湖是江湖洄游鱼类育肥的场所，从某种意义上来说，还是长江特有珍稀鱼类最后的避难所。最近媒体报道，在赣江发现江豚群，证明长江、鄱阳湖、赣江目前的连通性尚好，江豚通过江湖连通扩大了生存空间。同时，两湖还是欧亚大陆候鸟传统的觅食越冬地，每年约有100万只候鸟在此栖息。

长江三峡工程生态环境监测系统鱼类、鸟类监测重点站连续20余年监测表明，两湖水情变化以及与长江连通性的变化对江湖洄游鱼类和鸟类产生了一定的影响，但目前的数据和研究不足以得出更确切的结论，仍需继续加强监测和研究。

三、三峡水库泥沙淤积和下游冲刷问题

由于三门峡水利枢纽工程泥沙问题的教训，在三峡工程论证期间，

国家投入人力物力，对三峡工程是否会导致长江上游泥沙淤积问题进行了充分研究。三峡工程投入运行后，水利部门继续组织进行了跟踪观测研究。长江水利委员会水文局汇总的三峡工程建成前后长江各区段的水沙情况如下：

一是三峡水库上游来水、来沙情况。20世纪90年代以来，受上游水库拦沙、水土保持工程、降雨变化和河道采砂等影响，长江上游径流量变化不大，输沙量减少趋势明显。三峡水库蓄水以来，2003—2018年三峡入库主要控制站——朱沱、北碚、武隆站年平均径流量、悬移质输沙量之和分别为3739亿m^3和1.48亿t，较1990年以前分别减小7%和70%，较1991—2002年分别减少3%和59%。

二是三峡水库泥沙淤积情况。三峡水库泥沙淤积明显减轻，且绝大部分泥沙淤积在水库145m以下的库容内，水库有效库容损失目前还较小；涪陵以上的变动回水区总体冲刷，重点淤沙河段淤积强度大为减轻；坝前泥沙淤积未对发电取水造成影响。在不考虑区间来沙的情况下，三峡水库蓄水以来水库淤积泥沙17.733亿t，近似年均淤积泥沙1.138亿t，仅为三峡工程论证阶段（数学模型采用1961—1970系列年预测成果）的34%，水库排沙为24.1%。水库泥沙淤积主要集中在常年回水区。从淤积部位来看，92.5%的泥沙淤积在145m高程以下，淤积在145~175m高程的泥沙量为1.303亿m^3，占总淤积量的7.5%，占水库静防洪库容的0.59%，且主要集中在奉节至大坝库段。

坝下游水、沙变化情况。2003—2018年，长江中下游各站除监利站年均径流量较蓄水前偏多3%外，其他各站年均径流量偏枯4%~7%，宜昌、汉口、大通站径流量分别为4092亿m^3、6800亿m^3、8597亿m^3，较蓄水前分别偏少6%、4%、5%；宜昌、汉口、大通站年均输沙量分别为0.358亿t、0.996亿t、1.34亿t，较蓄水前年均值分别偏少93%、75%、69%。

三是坝下游河道冲刷情况。在三峡工程修建前的数十年中，长江中下游河道在自然条件下的河床冲淤变化虽较为频繁，但宜昌至湖口河段总体上接近冲淤平衡，1966—2002 年年平均冲刷量仅为 0.011 亿 m³。2003 年三峡水库蓄水运用以来，坝下游河势总体稳定。受长江上游输沙量持续减少、河道采砂、局部河道（航道）整治等因素影响，长江中下游河道冲刷总体呈现从上游向下游发展的态势，目前已发展到湖口以下。

2002 年 10 月—2018 年 10 月，宜昌至湖口河段平滩河槽泥沙冲刷 24.06 亿 m³，年均冲刷量 1.46 亿 m³，明显大于水库蓄水前 1966—2002 年的 0.011 亿 m³。其中，宜昌至城陵矶段河道冲刷强度最大，其冲刷量占总冲刷量的 54%，城陵矶至汉口、汉口至湖口河段冲刷量分别占总冲刷量的 20%、26%（见图 1）。

图 1　2002—2018 年宜昌至湖口河段冲淤总量图　　单位：亿 m³，占比 (%)

近年来，坝下游冲刷逐渐向下游发展，城陵矶以下河段河床冲刷强度有所增大，城陵矶至汉口河段和汉口至湖口河段 2012 年 10 月—2018 年 11 月的年均冲刷量分别为 5729 万 m³/年和 5870 万 m³/年，远大于 2002—2011 年年均冲刷量 1141 万 m³/年和 2536 万 m³/年。

整体来看，三峡水库泥沙淤积情况好于初步设计，不会发生像三门峡水利枢纽工程蓄水初期发生的问题，但三峡水库坝下游由于上游来沙量大幅减少，冲刷强度有所增大。这一情况不但与复杂水沙情势有关，同时也和人类活动密切相关，需要在下一阶段加强坝下游特别是城陵矶以下河段冲淤监测与冲淤机理方面的研究工作。随着坝下游河道泥沙冲淤的不断累积，今后坝下游河道的河势、崩岸塌岸等仍将有可能发生较大的变化。同时由于长江中游堤防未经历大洪水考验，一些潜在问题尚未暴露，需开展持续监测和深入研究，提出应对措施。

四、中小洪水调度问题

在水利上中小洪水一般是指20年一遇以下洪水。根据三峡工程的来流量推算，中小洪水所对应的洪峰流量应不大于72300m³/s。但由于荆江的防洪标准相对较低，因此，在不降低三峡水库对荆江大洪水的防洪标准、不增加中下游防洪负担的前提下，对三峡洪峰流量在30000～55000m³/s的洪水进行拦蓄，并称之为中小洪水调度。

三峡水库2009年汛期以来，依据水雨情预报，在荆江河段和城陵矶地区防洪压力不大，应中下游地方政府和航运部门的要求，多次对中小洪水进行了调度。2009—2017年汛期，三峡水库对洪峰流量在30000～55000m³/s入库洪水的拦蓄次数达到33次，占总蓄洪次数的82.5%，蓄洪量893亿m³，占总蓄洪量的73%。

由于中国长江三峡集团有限公司对超过八成的洪水进行了调度，引起了学术界的关注。

中国长江三峡集团有限公司有关专家研究认为中小洪水调度有三大效益。一是防洪效益。如有超过42000m³/s（三峡流量）洪水不拦蓄，水库敞泄将使沙市站水位高于43m，中游沿线监测站也会超过警戒线水位。一旦汛期河道水位达到警戒水位，地方需要上堤查险，耗费大量的人力、物力，增加防汛成本。二是航运效益。三峡与葛洲坝之间由于河道狭窄、水流湍急，船舶按照不同的主机功率大小，在三峡下泄流量30000～45000m³/s实施限制性通航，下泄流量超过45000m³/s两坝间停航。中小洪水调度减少了禁航、停航时间。三是洪水资源利用效益。利用洪水资源可缓解后期蓄水和下游供水的矛盾。

但长江三峡工程实施中小洪水调度以来，一直受到一些专家的质疑。清华大学教授周建军认为："三峡工程规划防洪目标是保荆江安全相应减轻中下游其他地区防洪负担，这种防洪原则可保证一般情况下长江自然洪水节律不变，是最大限度保证中下游防洪安全和生态健康的最佳选择。遗憾的是，现在三峡工程等的调度方式与论证确定的原则有一定差距，不但使径流节律朝单一化方向发展，而且拦中小洪水显著加剧中下游河道冲刷。""消灭大洪水也使湖泊汛期持水量减少，水面缩小和湿地不能充分淹没，碟形湖和牛轭湖等水体与干流季节联动机制被破坏。"周建军教授建议："要切实执行三峡工程规划确定的三峡工程防大洪原则，不拦中小洪水，不能只追求发电效益。"

在中国工程院组织三峡工程第三方评估时，一些专家也表示了对中小洪水调度的担心，中小洪水调度使中下游河段堤岸长期不能经受洪水考验，一旦有大的洪水可能导致极大的灾难。可见，由于下游江段防洪水平较低以及中小型洪水的生态环境效应不明确等原因，当前关于中小型洪水问题仍存在不同的意见，亟须提高中下游的防洪标准，明晰中小型洪水的生态环境效益，分期优化中小型洪水的调蓄与拦截，更好地发挥三峡工程的效益。

五、生态调度的问题

生态调度问题和前面的四个问题不是一个层面的问题，但笔者认为生态调度是水生态保护与修复的一个利器，值得深入研究和探讨。

生态调度没有统一的定义。从目前国内的实践来看，大致有两种调度模式被冠以生态调度之名。一是中国长江三峡集团有限公司开展以促进四大家鱼和中华鲟产卵为目的的调度。二是水利部在福建召开的生态调度试点会，以保证水库下游生态基流为目标的调度。笔者认为，这两种调度可称为狭义的生态调度。此外，水利部珠江水利委员会组织了压咸补淡调度、水利部黄河水利委员会组织过调水调沙调度。这些调度也应算作特定目标的生态调度。

中国长江三峡集团有限公司原总经理、国务院三峡工程建设委员会办公室原副主任、水利专家陈飞关于生态调度指出，三峡工程运行要贯穿生态调度这一条主线，生态调度要以水文、生态环境这两项预测预报为基础，生态调度要贯穿于防洪、发电和航运三项重点任务之中，全年都要精心组织并实施生态调度。这可以称之为广义的生态调度。

尽管生态调度定义的界定尚不清晰，但以往实践证明其效果显著。以中国长江三峡集团有限公司组织的促进四大家鱼产卵调度为例。2011—2018年，三峡水库每年5—6月实施促进四大家鱼自然繁殖的生态调度试验，共实施12次调度，其中2012年、2015年、2017年、2018年分别调度2次，其他年份调度1次，通过逐步增加三峡水库出库流量，人工调节模拟河流涨水过程，促进鱼类自然产卵繁殖。监测结果表明，除2016年外，其他年份四大家鱼对生态调度形成的人造洪峰都有积极的响应。据估算，生态调度期间四大家鱼累计产卵量约8.08亿粒，占监测期间累计产卵量（21.14亿粒）的38.2%。

生态调度目前在国内外开展的时间不长，理论和实践基础均非常薄弱，在建设生态的文明新时代，亟须组织多学科的力量开展联合攻关，完善理念，丰富实践，进而制定重要河流生态调度的目标、标准、规程，实施生态调度，促进母亲河的生态保护与修复，为其他重要河流生态修复提供范例。

第六讲

剖析建设环境友好型
水利工程需要关注的九个水生态问题

（2019 年 7 月 12 日）

近年来，水生态保护、水生态损害严重等问题受到社会广泛关注，如何使水利工程建设与水生态保护和谐统一成为水利部门的重要课题。我们要高度重视，采取坚决有效的措施加以解决。解决问题不能只停留在概念和感性认识上，要有翔实的数据和理性地分析。1996 年，在三峡工程开工之初，按照中央领导同志指示精神，建设了三峡工程生态环境监测系统，该系统至今已进行了 23 年连续不断的全面监测。根据监测成果，以及国内外水利工程建设成败得失，本讲提出建设环境友好型水利工程需要关注九个水生态问题。

一、水利工程和水生态保护可以达到和谐统一

在讨论建设环境友好型水利工程需要关注的水生态问题之前，先探讨以下四个问题：

一是水生态和水环境的区别与联系。现在人们一般把生态环境连在一起谈论，好像两者是一件事，其实，生态与环境这两个词有很大的区别。中国工程院给三峡工程做第三方独立评估时，在《三峡工程阶段性评估报告》中对生态和环境各列了一章。水生态主要是指河湖与生存于其中的水生生物构成的生态系统。水环境是一个复杂的，具

有时、空、量、序变化的动态系统和开放系统，系统内外存在着物质和能量的变化和交换，表现出水体对人类活动的干扰与压力。简言之，水环境主要说的是人类活动对水的影响，水环境问题突出表现为水污染。

二是修建水利工程的利与弊。水利工程的利弊问题是老生常谈，但是还是要反复说。水利工程有防洪、供水、航运、发电、旅游等多种效益，但也有移民、改变河流形态、影响鱼类生长、诱发地质灾害等问题。综合分析各种情况，在现有的技术经济条件下，修建水利工程是防御水旱灾害、高效利用水资源的最好方法，特别是在防洪、供水等方面无可替代。

三是水生态损害的原因。鱼类资源是长江水生态的重要标志物，新中国成立以来，长江渔业捕捞量逐年下降，1954年长江流域天然渔业捕捞量为45万t，1956—1960年捕捞量下降到26万t，20世纪80年代捕捞量年均20万t左右，21世纪初约为10万t，近年已不足10万t。著名鱼类专家、中国科学院院士曹文宣在分析这一问题时指出，长江水域生态变化，鱼类资源衰退，是多种因素造成的，并非全是修建水利工程的原因。因此，长江水域生态修复任务，除采取修建自然保护区，实施增殖放流、开展生态调度外，还必须严格渔政执法，取缔非法渔具，严禁捕捞幼鱼，严格防治水污染，保护鱼类的栖息地和产卵场。

四是修建各类水利工程与水生态保护能否达到统一。最近水利部水利水电规划设计总院系统梳理了都江堰、灵渠、郑国渠、泰晤士河挡潮闸、澳大利亚雪山调水等中外水利工程建设的成功案例，只要本着"尊重自然、人水和谐，节约优先、开发有度，系统治理、科学管理"的原则，因势利导建设和管理水利工程，就能实现工程和生态的统一，造福当代、泽被后世。

通过上述分析可以得出结论：在现有经济技术条件下，修建水利工程是有效开发利用水资源、防御水旱灾害的不可替代的方法。水生态损害是多种原因造成的。水利工程和水生态保护可以达到和谐统一。

二、需要关注的九个水生态问题

水利工程对水生态的影响除原来研究得比较深入的土地淹没及移民、诱发地质灾害等问题外，还需要关注九个问题。根据三峡工程生态环境监测系统23年的监测成果，结合国内外水利工程建设成败得失，对九个水生态问题进行分析。为说得更清楚，从工程分类和影响区域来界定这些问题，即从大坝工程、河道（航道）整治工程、涉湖工程等三类工程着手分析。

1. 大坝工程方面的五个水生态问题

在大坝上游主要会形成两个水生态问题：

一是河流变湖库后生境变化导致生物物种变化。三峡水利工程完建后，约600km长江干流变成水库，水文条件明显改变，不再适合长年生活在其中的流水型鱼类，尤其是长江上游特有鱼类的栖息，中国科学院院士曹文宣2008年在《有关长江流域鱼类资源保护的几个问题》一文中提出"鱼类组成会出现明显更替"。长江水产研究所段辛斌等（2002年）和华中农业大学水产学院吴强等（2007年）分别调查了三峡工程蓄水前（1997—2000年）和蓄水后（2005—2006年）库区的鱼类资源情况，发现蓄水前后圆口铜鱼等流水型鱼类资源显著下降。2010年，曹文宣等对三峡二期蓄水前后鱼类群落结构进行分析时，发现蓄水过程中鱼类群落发生明显替换。

二是流速变缓导致富营养化。水库内水流流速变缓，水体自净能力降低，导致发生富营养化及藻类水华现象。据长江水利委员会组织的三峡库区支流富营养化及水华情况监测，2012年16条较大支流均为中营养程度，2013年5条支流进入富营养化阶段，2014年富营养化的支流增加到 11 条。2012 年春季，16 条支流水华暴发的概率达到 81%，明显高于 2009 年春季的 38%、2010 年和 2011 年的 50%。2013—2015 年水华暴发的概率出现回落，分别为 75%、63%、43.7%，但仍处于比较高的水平。

在大坝下游主要会形成三个水生态问题：

一是清水淘刷造成崩岸。清水下泄，冲刷下游河道导致局部河道河势变化较大。泥沙在水库淤积会影响水库使用寿命，短期内清水下泄还会导致下游河道发生崩岸，2003—2013 年长江中游干流河道共发生崩岸 698 处，总长度 521.4km。但从长远看，清水下泄可以冲深河床，对防洪有利。据监测，2002 年 10 月—2013 年 10 月，宜昌到湖口段，平滩河槽总冲刷量为 11.90 亿 m^3（含河道采砂量）。

二是温滞效应改变了下游鱼类繁殖和生存条件。水库蓄水会使坝下游水温升高，水温下降过程滞后，这一现象被称为温滞，温滞对水生态的影响叫温滞效应。通过比较三峡水库试验性蓄水前后坝下江段的水温变化发现，同期水温偏高 2～4℃，平均升高 2.9℃；水温下降过程滞后，平均推迟约 20～36d。中国科学院水生生物研究所和水利部水工程生态研究所的研究表明，中华鲟和四大家鱼繁殖对水温过程滞后有明显响应。

三是水文过程改变。水库蓄水导致大坝下游水文过程改变，水的流量、流速、流态发生时空变化。水文过程改变最严重的情况是河流断流，由此带来不利影响，比如永定河。2016 年 12 月，国家发展改革委、水利部、国家林业局联合印发了《永定河综合治理与生态修复总体方案》，计划投资 370 亿元着力解决永定河水资源过度开发，水环境承载力差、污染严重、河道断流、生态系统退化、部分河道防洪能力不足等突出问题，将永定河水系恢复为"流动的河、绿色的河、清洁的河、安全的河"。

2. 河道（航道）整治工程方面的两个水生态问题

前些年，我国河道治理走了弯路，出现了两个问题：

一是裁弯取直。这个问题在中小型水利工程和农田水利工程中比较普遍。农村土地整理，土地平整得方方正正有利于耕种和机械化。但是，河道裁弯取直不仅增加了防洪难度，同时也破坏了动植物栖息生长的环境。这一问题在大江大河治理中也屡见不鲜，不仅如此，航道治理工程为通航方便也常采取裁弯去滩的做法。

二是河岸衬砌和硬化。1993年和1995年，欧洲莱茵河先后发生两次洪灾，造成几十亿欧元损失。分析洪灾原因，主要是莱茵河的水泥堤岸限制了水向沿河堤岸的渗透。因此，德国进行了河道及沿线岸边回归自然的改造，将水泥堤岸改为自然属性的生态河堤，重新恢复河流两岸储水湿润带，并对水域内支流实施弯曲化改造，延长洪水在支流的停留时间，降低主河道洪峰流量。

这样的问题在我国尚未引起足够的重视，混凝土在河道治理工程中仍在大量使用。

3. 涉湖工程方面的两个水生态问题

一是阻隔河湖。阻隔河湖主要有两种形式：一种是修坝建闸，完全或部分时段隔绝河流与湖泊的连通；一种采用拦网、栏栅或者电网，阻隔河流生物通道。

在长江流域，目前仅鄱阳湖、洞庭湖和石臼湖三个湖泊与长江自由相通，这些湖泊对保护长江水系生物多样性有重要作用（长江水利委员会长江科学院潘保柱教授）。从20世纪50年代开始，大规模的围湖造田活动导致湖泊面积减小，此外，湖泊和长江之间修建了许多控制闸，造成江湖阻隔，使得江湖复合生态系统的连通性不复存在，湖泊中鱼类物种减少，江湖洄游鱼类消失，生态系统结构发生变化。加之滥捕、环境污染等人类活动的影响，长江泛滥平原湖泊鱼类资源现状已不容乐观。2005年，中国科学院水生生物研究所王利民教授等对涨渡湖调查发现，江湖阻隔后，鱼类多样性下降，群落结构向单一化方向发展，洄游性和流水性鱼类比重由20世纪50年代的50%下降到现在的30%。有的渔业生产也造成河流阻隔，监测发现三峡库区通过拦网和电网阻隔支流和干流的有13处。

二是填湖造地。近些年来，特别是1998年特大洪水后，填湖造田问题得到遏制，但由于巨大的经济利益驱使，填湖造楼、填湖建工业区的事情仍时有发生。据中国经营报报道，自20世纪80年代以来，长江流域某地湖泊面积减少了34万亩（2.27万 hm^2），填湖后的土地主要用于房地产项目开发。武汉大学环境法研究所主任王树义认为，刹不住填湖之风的原因首先是利益驱动，其次是违法成本太低。

三、结语

上述存在于大坝工程、河道（航道）整治工程、涉湖工程建设中的九个水生态问题，其发生原因有历史的、社会的，也有知识欠缺和认识方面的，这些问题通过完善教育内容、转变观念、严格执法、实施生态修复、开展生态调度，可以彻底解决或改善。认识问题是解决问题的第一步。我们要以党的十九大精神为指导，树立人与自然是生命共同体的理念，尊重自然，顺应自然，保护自然，努力实现江河不老、绿水长清，努力建设美丽中国。

第七讲

长江水运建设与河流生态保护的研究与实践

（2024年12月5日）

一、引言

长江作为我国的黄金水道，承载着大量的物流运输需求，其水运建设对区域经济发展具有重要的推动作用，近年来，为实现水运的可持续发展，长江航运部门针对新时代水运与生态环境的关系，开展了一系列技术研究与实践，形成了系统的绿色技术体系，为推动水运与生态环境协调发展提供了理论支持和技术保障。

二、水运对生态环境的影响

1．对水文情势的影响

航道整治的目的是维护河段河势、岸线、洲滩相对稳定，一般不会改变原有的河流动力轴线和水流的基本特征。航道整治工程面积一般不超过河床面积的5%，其水文效应主要集中于整治建筑物的局部区域。单一整治建筑物，一般壅高其上游水位，降低其下游局部范围水位；多个整治建筑物共同作用时会产生叠加影响。与河段水位的自然变化相比，工程引起的水位变化一般较小，影响范围有限。

航道整治工程对流速的影响同样以局部区域为主。坝体工程主要体现为两方面：一是坝体工程阻水绕流作用导致坝周流速减小，尤其在坝体上下游及坝间区域形成流速减小区，但坝头及坝体附近因水流顶冲，流速增加；二是河道过流面积因工程缩窄而减小，主河道流速随之加快，且流量越小，对主河槽流速的影响越显著。工程建设后，坝体上下游和各坝体之间区域由于流速减小，可能由工程前的急流水体变为工程后的缓流水体。护滩、护底工程的建筑物高程一般较低，对流速影响较小。

工程对河床泥沙过程具有一定的调控作用。护滩带和坝体将促使泥沙淤积，起到控制岸坡和边滩冲刷的作用。此外，部分优化结构还能改善河道水流条件。例如，软体排压载结构通过优化堰坎设计，增强水下护底的加糙效果，促进底泥回淤，塑造多样性近底流态；四面六边透水框架群利用杆件滞流作用，减速落淤，形成新的水流边界条件，实现控导河势、保滩护岸的综合目标。

2. 对水质及河床底质的影响

航道整治的涉水施工方式，如疏浚、抛石、沉排等，可能扰动河床，使河床底泥悬浮，造成局部水域悬浮物浓度在短时间内升高，水体透明度下降，对河流水质在一定范围产生短暂、可逆的影响。然而，相关工程施工水质监测结果显示，其影响范围一般不超过下游200m且靠近近岸区域，影响范围面积很小，基本不会对江段整体水质产生影响。此外，施工材料如块石、预制混凝土块和软体排等，仅在施工期间增加水中泥沙，一般不会带来新的污染物。

为降低工程施工对周围水质的影响，航道整治采取了严格控制施工水域面积、取水口周围设置防污帘等多种措施，悬浮物对水体的影响被有效控制，影响较小，施工结束后，影响消除。

航道整治采用软体排、抛石和透水框架等工程结构进行水下加固和护滩带施工，可以对河床底质进行有效改造，增强河床稳定性。透水框架能够减缓水流速度，从而优化河床底质结构，改善水体生态环境。

鱼巢砖具有一定的泥沙淤积能力，工程完工一段时间后其空腔内部、前沿可能有一定量的泥沙沉积。含有抛石沉排工艺的工程在完工后将逐步形成新的洲滩，增加河流的地形多样性。丁坝建设后，由于长江水流的持续冲刷和淤积作用，新的底质层会覆盖在整治结构上，并在丁坝后方形成新的淤积区，提升河床底质的异质性，为水生生物提供更多样的栖息环境。

3. 对浮游生物及底栖生物的影响

航道整治工程施工期内的抛石、沉排及疏浚等可能对浮游生物和底栖生物的群落结构、生物量、密度等产生暂时性影响，但工程结束后，该影响会逐步消失，水域水生态会逐步恢复。

施工过程中，局部水体受到扰动，水中悬浮物浓度升高，暂时阻碍浮游植物的光合作用，水域内浮游动植物数量有所减少，但种类组成和结构不受影响。同时，底质环境可能因沉积物扰动而发生改变，部分活动能力强的底栖生物将逃往他处，而部分底栖生物则因被掩埋或覆盖而受到影响。当前，航道整治的铺排面积有所控制，相对较小，不影响整个江段的底栖动物群落结构。

工程完工后，工程生态修复措施逐渐显现出积极作用。增殖放流的鱼虾直接补充因施工可能造成的生物损失，促进生物多样性恢复，通过食物链调节浮游生物数量，维持水体生态稳定。投放的底栖生物迅速附着于水底，繁殖扩散，通过生物活动提升沉积物的氧化速率和水体自净能力，加速水域生态系统修复。

此外，透水框架等生态结构通过减缓水流速度，优化底质颗粒分布和间隙结构，为底栖生物提供了更适宜的栖息环境。相关研究表明，经过一段时间修复后，工程区底栖动物的生物多样性高于非工程区，尤其是在护滩护底工程中，透水框架为底栖生物与沉水植物共存提供了条件，有助于提升生态效益。

对于栖息于石质和砂质滩地的底栖生物而言，水上抛石和沉排等在一定程度上模拟了人工鱼礁的功能。这些水下构筑物为附着性底栖生物提供了新的生存空间,并在施工结束后逐步形成新的底栖生物群落。丁坝建成后,其后方可能形成新的淤积,重建生境,使得底栖动物恢复到原来的群落水平。

4. 对鱼类及江豚生境和行为的影响

航道建设中的抛石、沉排及疏浚对施工区域内鱼类及江豚的生境和行为产生了一定影响。浮游生物和底栖生物生物量的减少可能导致鱼类索饵资源的暂时性下降;施工活动如抛石可能增加鱼苗的损失;部分工程可能降低河床底质的异质性,减少紊流,对于喜好藏匿、紊流条件产卵的鱼类有一定影响。为减少对水生生物的影响,航道建设采取了一系列缓解措施。施工期避开鱼类产卵繁殖期并安排在枯水期进行,此时鱼类大多迁入深水区域。通过竹竿敲击船舶或声波驱鱼设备驱赶鱼群,有效保护成鱼。

水下微差爆破通过精确控制爆炸间隔时间(通常为几到几十毫秒)避免爆炸波的累积效应,在不影响施工作业效率的同时减少振动和压力传递,从而降低对周围环境和水生生物的冲击,有效保护了水生生物栖息环境。朝涪段航道整治水下爆破清礁的研究结果显示,微差爆破间隔时间为 5~10ms 时,冲击波的峰值压力衰减得最快。采用气泡帷幕技术显著衰减水下爆破的冲击波峰值压力,实验结果表明衰减效果可达 85%,可有效保障施工区域内鱼类及江豚生境的安全。

增殖放流通过增加鱼类种群数量和多样性,逐步恢复和稳定渔业资源。随着次数和数量的增加,其效益更加显著。生态护坡工程使用石块、混凝土排等构建水下障碍体,产生局部湍流的尾流效应,模拟人工鱼礁,为鱼类营造新的栖息和繁殖环境;鱼巢砖等生态结构为黏性卵的集卵提供了理想条件,进一步促进鱼类产卵生境的优化。

生态固滩工程的实施在河流生态保护中同样发挥了积极作用。通过增加洲滩面积、促进泥沙沉降和岸滩植被快速恢复,工程有效增强了沿岸缓流生境的多样性，为仔鱼提供关键庇护场所。同时，茂密植被可提升局部生境的营养供给，在施工后 2～3 个水文年工程区会逐步被泥沙覆盖，底栖生物恢复至前期状态，坝田区有机质和浮游生物大量沉降，为江豚提供了新的索饵场所。

针对可能存在的江豚抚育环境退化问题，迁地保护措施成为重要补充手段。通过建立江豚人工饲养种群并应用相关繁育技术，不仅保留了一定数量的江豚个体，还为未来种群复壮提供了保障。同时，通过生态涵养区建设，铺设人工鱼巢、设置船舶交通引流牌等措施，改善了鱼虾和水草的成长繁殖条件，为江豚提供了更加丰富的食物来源和安静的生活空间。

航标及通航整治建筑物建设通过绿色技术和环保措施，减少对鱼类及江豚栖息环境的干扰。新材料航标和虚拟航标的应用降低了实体施工对水域的影响，船舶污染物集中回收与新能源船艇的推广改善了水质环境，有助于鱼类生存及江豚活动。智能化监控提高了航运安全性，避免对鱼类洄游及江豚索饵行为的过度干扰，支持水生生物多样性保护。

5. 对植被的影响

航道整治通常针对垮塌岸坡或冲退滩体区域，这些区域一般缺乏原生植被。在固滩、护坡等施工过程中，尽管土地开挖和填充会涉及部分陆地生境的占用，但工程完成后通常会开展植被恢复措施。

目前广泛应用的生态护岸和护滩结构，如钢丝网石笼、生态护坡砖、四面六边透水框架等，将滨河区域与河岸、河床有机融合，为岸滩生物提供了天然的保护屏障，并有效促进了岸坡植被的自然演替。在生态型框架护坡中，框格内填充碎石或鹅卵石，并覆盖表土后种植草皮、芦苇等水生植物，不仅提高了生态多样性，还为多种生物提供了栖息场所，从而实现了工程建设与植被保护的良性互动。

三、长江航运部门已初步探索形成设计技术和施工工艺体系

1. 在航道建设方面

长江全线采取"深下游、畅中游、延上游、通支流"的整体建设思路，科学统筹生态保护与航道发展的关系，分时段、分重点推进"黄金水道"建设，航道通过能力大幅提升。经过多年研究与实践，长江航道建设形成了多项绿色设计技术和施工工艺，开展了系列生态监测，并将成果广泛应用在实际工程中。

（1）设计。

长江航道建设从削减不利影响、营造局部生境、改良区域生态的角度，形成了包括生态修复技术、生态保护技术和疏浚土综合利用的航道绿色设计技术体系。

①生态修复技术。从不同的应用场景进行探索，在滩面，针对护滩工程区洪水期漫滩水流强、植被徙入繁殖难度大的问题，研发了具备加大紊动能耗散特性，可实现加糙促淤、促进植被恢复的仿沙波软体排、植入型生态固滩等护滩结构。在水下，针对强冲刷、大水深等水流条件，围绕水下近底生境营造的需求，研发了具备透空透水特性，可防冲促淤、平缓近底流态、促进底质恢复、加强物质循环的透空格栅鱼巢排、连通式鱼巢砖等护底结构。在岸上，针对季节性垂向淹没特征差异大、水沫线区域浪涌淘刷强度高的边界特征，围绕缓解岸坡固化问题的需求，研发了具有抗浪保土、提升岸坡植被丰度的钢丝网格、生态护坡砖等护坡结构。对传统坝体结构在立面形态、透水性能上进行了改良，研发了兼具守护功能与生态功能的生态透水坝、开孔通道型潜顺坝等坝体结构。

②生态保护技术。提出了利用天然的连续浅滩—深潭结构群构建生境营造区，将清礁弃渣抛填成浅垱，与天然浅垱相辅相成，重建浅滩—

深潭序列，在深潭区域布置生态鱼礁，为鱼类等水生生物提供栖息、避敌和繁殖的空间。根据指示物种的生活习性、分布特征，结合整治建筑物分布、船舶运行等情况，提出了在非主通航支汊建设生态涵养区，采取人工鱼巢等介入型措施、增殖放流等补偿型措施以及宣传引导型措施，营造"四大家鱼"等水生生物休养生息的场所。提出了在非主通航汊道设立江豚临时庇护所，采取增殖放流、设立船舶引导牌、科普宣传等措施，保护引导江豚在航道整治施工期进入庇护所进行躲避。

③疏浚土综合利用技术。在长江上游，利用清礁块石构筑人工鱼礁群、浅埂，增加水底生境的异质性，有利于鱼类生存和庇护，营造鱼类栖息地。在长江中下游，将疏浚弃土上岸处理，应用于公路、机场等基础设施建设；利用疏浚弃土作为固滩基质，应用于现状条件下植被难以生长的洲滩中，营造人工湿地。

（2）施工。

长江航道围绕清礁、疏浚、水上抛投、水上沉排、陆上护滩及护坡等开展了系列施工工艺优化，创新了多项绿色技术，施工工艺逐渐规范化、体系化。高频振动及铣挖清礁技术、钻孔—重锤冲击破礁技术可有效提高水下岩石清理的效率，显著降低环境影响。吸盘式挖泥船舷外装驳工艺、绞吸挖泥船疏浚弃土装驳施工工艺显著提高了疏浚工程的施工效率，减少了对水域生态的影响。在水上抛投施工中，双边抛石和网兜抛石技术的创新大幅提升了抛投的精准度与效率，降低了施工成本。在水上沉排施工中，通过应用GPS、GNSS和声呐技术，优化垂直水流和顺水流的沉排方式，显著提高了施工精度。混凝土单元排施工、钢丝网格施工和护坡砖投放等陆上技术将工程技术与生态保护相结合，有效推动了绿色施工技术的发展。

（3）监测。

长江水运发展高度关注航道工程对水生态环境的影响，开展了水生及陆生动植物的生境融入与生态修复、鱼类产卵场及保护区等专题研究。在多个航道工程实施过程中开展了 5～7 年的长系列生态环境监测，全面监测了整治区的底栖动物、鱼类和江豚等种群动态。研究发现，航道整治工程在不同时期对水生态环境的影响存在差异，主要影响局部区域，并非长江生态环境的决定性因素，为航道建设与生态保护的协调关系提供了科学依据。

基于监测数据构建了长江干流生态环境监测评估方法与指标体系，制定并完善了航道生态环境监测的具体要求。航道建设全过程的生态环境调查与分析应覆盖工程河段的总体及局部重点区域，采用布设调查断面或样点的方式进行，调查范围应不小于工程施工区及其上下游受影响的河段。

2. 在航标及通航整治建筑物建设方面

（1）航标。

长江航道积极开展新材料标体和浮具的实验研究及试用工作。与传统浮具相比，新材料浮具质量轻，不掉漆掉色，不需要进行油漆保养，具有环保可回收、不褪色、易清洁等特点。通过统一航标技术要求，规范中下游全线航标的设置和维护，实现了桥区航标"同步闪"功能，并研发应用了 2000 余座单北斗遥测遥控多色 LED 航标灯，有效缩短了失常航标恢复时间，助航效能和航标维护质量进一步提升。同时，积极推动航标智能化，长江沿线通过数字航道、无人机和摄像头等先进技术实现了航标情况的实时监控，在桥区、繁忙水域等重点航段广泛运用 AIS 虚拟航标，增强了航标助航效能，降低了航标被打率，减少了实体航标维护工作量。2023 年上半年通过视频监控、AIS 船舶轨迹识别等科技手段，推动船舶碰损航标取证索赔成功 243 起，索赔成功率 75.2%。

（2）整治建筑物及船艇设施。

2019—2023 年长江航道累计投入约 3.6 亿元进行通航整治建筑物维修，同时全面推进绿色措施，沿线船艇靠泊岸电使用率已达 100%，生态红线范围内的公务码头搬迁和维护船舶防污染设施改造全面完成，船舶污染物"船上存储、交岸处置"的治理模式实现100%的集中回收处置，为长江航运的绿色发展提供了有力保障。

在船艇新能源和新技术应用方面，长江航道积极响应"电化长江"倡议，推动船舶绿色化转型。宜昌航运局率先试运行纯电动测量船，探索电动航标船的应用；重庆航运局探索环保技术和船舶装备新能源、新技术的应用；九江航运处通过数字化手段建立船舶水污染物联合监管与服务信息系统，提升了管理效率和数据共享。

四、展望

1. 全面加强协作，凝聚发展合力

推动长江经济带发展"要强化上中下游互动协作"，树立"一盘棋"思想，把自身发展放到协同发展的大局之中，实现错位发展、协调发展、有机融合，形成整体合力。各部门作为推动长江经济带发展的关键力量，应加强协作，构建完善的政策协调体系，推动水利、环保、交通等行业在规划、建设与管理中的政策联动，形成统一的政策导向和支持机制。同时，进一步深化跨部门、跨区域的协作机制，优化长江流域水运资源的整合与利用，为实现长江经济带的高质量发展提供坚实保障和有力支撑。

2. 完善长效环境监测与评估机制

构建完善的环境监测与评估体系，持续监测水文状况、水质、底质及生物多样性等方面的变化。加强对水运建设过程中潜在和累积生态影响的评估，建立动态反馈机制，以实现建设方案的优化，促进水运建设与生态保护的深度融合。

3. 深化绿色水运技术研发与应用

水运建设应更加注重绿色技术的研发与推广。例如，应进一步优

化新型环保材料在航标和航道整治建筑物中的应用，推广可降解、可回收材料，以减少对水域环境的长期影响。同时，应加强清洁能源技术的应用，推动纯电动、混合动力船舶及新能源航标的普及，助力实现低碳水运目标。

4. 推进智能化水运管理

结合物联网、大数据和人工智能技术，构建智能化水运管理体系。通过无人机、遥感监测和数字航道平台，实现对航标和航道整治建筑物等设施的实时监控，提高管理效率，减少对生态环境的干扰。同时，开发更加精准的水域环境监测技术，为生态保护决策提供数据支持。

第八讲

浅谈水生态保护与修复的理论和方法

（2019年12月12日）

2018年，在全国生态环境保护大会上，习近平总书记发表重要讲话，系统阐述了习近平生态文明思想，其内涵主要体现在以下方面：以"人与自然和谐共生"为本质要求，以"绿水青山就是金山银山"为基本内核，以"良好生态环境是最普惠的民生福祉"为宗旨精神，以"山水林田湖草是生命共同体"为系统思想，以"最严格制度最严密法治保护生态环境"为重要抓手，以"共谋全球生态文明建设"彰显大国担当。如何深刻理解并贯彻落实习近平生态文明思想，笔者结合近年来水生态保护与修复工作的具体实践，认为应加强对水生态保护与修复理论和方法的研究、宣传，用可持续发展理论、生物多样性理论、复杂系统理论指导水生态保护与修复工作。

一、对水生态保护与修复理论的认识

水生态系统保护与修复涉及水利、生物、环境、系统、经济等学科，甚至包括美学、社会学、历史学等社会学科，这些学科构成了庞大的知识体系。经过梳理，认为可持续发展理论、生物多样性理论、复杂系统理论可以作为水生态保护与修复最根本、最核心的理论。

1. 可持续发展理论

1987年，世界环境与发展委员会在《我们共同的未来》报告中，将可持续发展定义为"既能满足当代人的需要，又不对后代人满足其需要的能力构成危害的发展"。这个对可持续发展的定义已被公众广泛接受并引用。1995年，党中央、国务院把可持续发展作为我国的基本战略，号召全国人民积极参与这一伟大实践。1997年，党的"十五大"把可持续发展战略确定为我国现代化建设中必须实施的战略。

我国人均淡水、耕地、森林资源占有量分别为世界平均水平的28%、40%和25%，石油、铁矿石、铜等重要矿产资源的人均可采储量，分别为世界人均水平的7.7%、17%、17%。而且，大部分自然资源、能源主要分布在地理、生态环境恶劣的西部地区，开采、利用与保护的成本高。资源条件的刚性约束已然成为我国可持续发展的巨大挑战。因此，必须在可持续发展理论指导下全面推进节能、节水、节地等工作，进一步提高资源能源利用效率，加快推进资源能源生产方式和消费模式转变。

2. 生物多样性理论

生物多样性是人类赖以生存的条件，是经济社会可持续发展的基础，是生态安全和粮食安全的保障。各国正在采取一致行动以共同应对日益严重的全球性生物多样性危机。1992年，在巴西里约热内卢举行的联合国环境与发展大会上签署了《生物多样性公约》"里约宣言"，在发布的《地球宪章》中指出，"地球提供了生命演化所必需的条件，生命群落的恢复力和人类的福祉依赖于：保护一个拥有所有生态系统、种类繁多的动植物、肥沃的土壤、纯净的水和清洁的空气的生物圈。资源有限的全球环境是全人类共同关心的问题。保护地球的生命力、多样性和美丽是一种神圣的职责"。《生物多样性公约》于1993年12月29日正式生效，目前共有196个缔约方，中国是最早的缔约方之一。该公约具有法律约束力，旨在保护濒临灭绝的动植物和地球上多种多样的生物资源。

1994年6月，经国务院环境保护委员会同意，原国家环境保护局会同相关部门发布了《中国生物多样性保护行动计划》。该行动计划确定的七大目标已基本实现，26项优先行动大部分已完成，行动计划的实施促进了我国生物多样性保护工作的开展。

水生态系统是地球上最大的生态系统，是长期自然、历史进化的结果，水生态的平衡是人类生存和发展的基础，维持生态平衡是保持生物多样性的条件。虽然生态平衡是一种相对平衡而不是绝对平衡，是一种动态的平衡而不是静态的平衡，但是我们在实施有可能影响生态平衡的行为时要审慎。因此在开展水生态保护与修复工作中要重视生物多样性理论，使生物的多样性得到保护。

3. 复杂系统理论

水生态系统可分为淡水生态系统和海水生态系统。按照现代生物学概念，每个池塘、湖泊、水库、河流等都是一个水生态系统，均由生物群落与非生物环境两部分组成。生物群落依其生态功能分为：生产者（浮游植物、水生高等植物），消费者（浮游动物、底栖动物、鱼类）和分解者（细菌、真菌）。非生物环境包括阳光、大气、无机物（碳、氮、磷、水等）和有机物（蛋白质、碳水化合物、脂类、腐殖质等），为生物提供能量、营养物质和生活空间。因此可以说，水生态系统就是一个复杂的庞大系统。

复杂系统理论就是要研究解决复杂系统中的共性问题，即复杂性问题。复杂性科学是建立在系统科学基础之上的，是对系统科学的发展和深化，而非线性科学中的许多理论和方法，是研究复杂性科学的有力工具。复杂系统一般具有开放性、不确定性、非线性、涌现性以及不可预测性特征，我们在制定水生态保护和修复方案时，要考虑系统诸因子的状态和关系，及时监测所采取手段的有效性并做出调整。

二、当前保护和修复水生态应当采用的方法

对于水生态的保护与修复，生态学家、水利学家做了大量的研究，

在实践中也取得了丰富的成果。为了便于理解、记忆和把握，笔者提出"一条主线、六字方针"的基本方法。

1. 一条主线

水生态保护与修复要围绕一条主线：人要发展，鱼要生存。我们简单地称之为"人鱼线"。人类居于生物圈——地球生态系统的顶端，人是一切价值和意义，人要发展毋庸置疑。鱼作为水生态系统食物网的顶端，鱼类的生存状态能够很好地评价生态完整性。鱼类群落通常包括代表各个营养级的一系列种类，如杂食性鱼类、食草性鱼类、食虫性鱼类、滤食性鱼类和食鱼性鱼类等。鱼类也能反映有藻类、浮游动物和浮游植物、水生植物、大型无脊椎动物的生存状况。通过鱼类还可以监测出急性的毒理效应（某些分类单元的缺失）和胁迫效应（生长缓慢，繁殖力下降）。通过对不同年份间补充群体和种群动态的调查可以了解干扰事件的关键时间点。洄游性鱼类可以作为栖息地连续性或片段化的可靠指示种。

2. 水生态保护与修复策略

解决当前水生态损害严重问题，我们认为要采取"调、控、退、通、改、拆"综合措施解决。"调"是生态调度，"控"是控制水污染，"退"是退建还水、退田还湖，"通"是河湖连通，"改"是对已建涉水工程进行生态化改造，"拆"是对在保护区、重点风景名胜区、特有鱼类栖息地修建的小型工程要采取坚决措施拆除，恢复原貌。

（1）生态调度。

生态调度体现出较高的经济性和成效，是水生态保护与修复的第一选择。生态调度没有统一的定义，从目前国内的实践看，大致有两种调度模式被冠以生态调度之名。一是中国长江三峡集团有限公司开展以促进四大家鱼和中华鲟产卵为目的的调度。二是水利部在福建召开的生态调度试点会，以保证水库下游生态基流为目标的调度。笔者认为，这两种调度可称为狭义的生态调度。此外，水利部珠江水利委员会组织了压咸补淡调度、黄河水利委员会组织过调水调沙调度。这些调度也应算作单目标的生态调度。

笔者倾向于把生态调度定义为维护河湖健康和生物多样性的调度。生态调度目前在国内外开展的时间不长，理论和实践基础都很薄弱，在建设生态文明的新时代，要组织多学科的力量开展联合攻关，完善理念，丰富实践，进而制定重要河流生态调度的目标、标准、规程，实施生态调度，促进重要河流的生态保护与修复。

（2）控制水污染。

水污染对水生态的影响是不言而喻的。控制污染，当务之急是落实《中华人民共和国水污染防治法》第二十条和第二十一条。新修订的《中华人民共和国水污染防治法》第二十条重申了"国家对重点水污染物排放实施总量控制制度"，并在第二十一条中的排污许可管理要件中增加了"水污染物排放总量"控制内容，但这一制度没有完全落地。

河流污染治理的目标是改善河湖水质，必须控制"入河污染物总量"。主要基于以下理由：

一是"达标排放"不能确保河湖水质改善。在点源污染控制方面，以往提出的要求是"达标"排放，并习惯性认为，"达标"排放对环境是安全的。即使按照污水一级排放标准控制，其排出的废污水水体也将劣于地表水Ⅴ类。当一个地区的产业布局较密集时，其水污染物排放对河湖水质的危害是巨大的。

二是即使是各段水污染物排放实施总量未超出限值，但河流或湖泊仍然呈现为污染状态。这主要是因为河湖污染物总量计算有误，不是按河湖自净能力做的测算，没有考虑历史累积的污染物和污染物在一定时空新的物理化学反应。河湖污染物总量分配方法有误，如按河流长度平均分配，但逐段累积，污染物到下游会超过自然净化的阈值。

（3）退建还水。

退建还水完整准确的表述应是退去各种建设，包括养殖、种植、房地产、工业区等对水域的侵占，恢复原来的水域。

以长江为例，新中国成立以来，长江中下游地区约 1/3 以上的湖泊被围垦，围垦总面积达到 1.3 万 km² 以上。这一数字大约相当于目前鄱阳湖、洞庭湖、太湖、洪泽湖和巢湖五大淡水湖泊面积总和的 1.3 倍。因围垦消失的湖泊达到 1000 多个，蓄水容积减少了 500 亿 m³。

1998 年特大洪水过后，国家作出了退田还湖的决策。经过多年的工作，洞庭湖、鄱阳湖退田还湖增加了长江洪水调蓄能力，但仍未能从根本上解决问题。由于长江中下游地区高度发达、人口稠密，使退田还湖政策不可持续。解决长江中下游防洪问题，重点还是要加强蓄滞洪区建设。

在其他流域，退田还湖问题还没有破题。在财力允许的条件下，要有计划、有步骤地推进退田还湖工作。

（4）河湖连通。

2010 年，水利部门就对江湖连通工作进行了部署，当年召开的全国水利规划计划工作会议提出："江湖连通是提高水资源配置能力的重要途径，要构建引得进、蓄得住、排得出、可调控的江湖水网体系，根据丰枯变化调度引流，实现水量优化配置，提高供水的可靠性，增强防洪保障能力，改善生态环境。"十年过去了，现在看来，这一工作思路扩大了河湖连通工作的范围，给河湖连通附加了一些不属于它的作用和功能。河湖连通工程是生态修复工程，不是水资源配置工程、防洪工程和排污工程。河湖连通是修复被人为阻隔的河与湖的连通，其根本目的是为水生生物提供多样化的生境和育肥场所，保护生物的多样性。如果说河湖连通还达到了一些其他目的，那也是河湖连通工作的副产品，而不应成为主要目的。

河湖连通工作的技术难点是恢复历史原貌、恢复自然连通性与防洪和人类利用的矛盾。

(5)生态化改造。

虽然早在20世纪90年代,水利、航运学界就有一些人已经认识到传统水利航运工程对生态带来的破坏,并采取了一些措施,但新观念、新技术的推广过程总是曲折漫长的。几十年来修建了大批非生态型水利航运工程,对这些工程进行生态化改造势在必行。

非生态型水利、航运工程数量庞大,可以从以下三个方面着手:

一是对渠化的河道进行改造。所谓的"河道渠化"是指:①平面布置上河道形态直线化,也就是将蜿蜒曲折的天然河道改造成直线或折线形人工河道。②河道横断面规则化,把自然河道复杂的断面变成梯形、矩形和弧形等规则几何断面。③河底材料的硬质化,河道的边坡及河床采用混凝土、砌石等硬质材料。蜿蜒曲折的河流是长期自然历史演化的结果,具有天然的合理性,河流形态的改变,如河流缩短、河漫滩缩小、深潭及浅滩序列消失,使地貌空间异质性明显下降,水生生物生境变得单调化,栖息地数量减少,生物多样性下降。

实践表明,对渠化的河道进行生态化改造取得了明显的成效。"欧共体"通过实施"鲑鱼—2000计划",对莱茵河进行生态修复,到2000年全面实现了预定目标,沿河森林茂密,湿地发育,水质清澈洁净。鲑鱼已经从河口洄游到上游一带(瑞士)产卵,鱼类、鸟类和两栖动物重现莱茵河。基西米河生态修复工程是美国迄今为止最大的河流恢复工程,通过实施回填运河、开挖原有河道、拆除水闸、恢复洪泛区和沼泽地等工程,使原河道中过度繁殖的植物得到控制,恢复了洪泛区阔叶林沼泽地,创造了多样的栖息地,水中溶解氧水平提高,水质明显改善,许多已经匿迹的鸟类又重新返回基西米河,科学家证实该地区鸟类数量增长了3倍。

二是增建过鱼设施。过鱼设施包括鱼道、鱼闸、升鱼机和集运鱼系统几种形式。修建过鱼设施问题在业内和社会上受到广泛关注和讨论。笔者认为,高坝大库由于大坝上游生境已发生重大变化,不宜修建过鱼设施。

三是增建分层取水设施。水库存在水温分层现象，为减缓下泄低温水对下游水生生物或农田灌溉的不利影响，需要采取必要的水温恢复和调控措施。一些大坝只在一个高程设出水口，这样的工程需要进行技术性改造。

（6）拆除违规设施。

拆除违规小水电工作迈出了可喜的步伐。2018年12月14日，水利部、国家发展改革委、生态环境部、国家能源局联合下发了《关于开展长江经济带小水电清理整改工作的意见》。意见提出了总体目标：限期退出涉及自然保护区核心区或缓冲区，严重破坏生态环境的违规水电站，全面整改审批手续不全、影响生态环境的水电站，完善建管制度和监管体系，有效缓解长江经济带小水电生态环境突出问题，促进小水电科学有序可持续发展。2020年年底前完成清理任务。

要科学认识小水电的地位和作用。小水电在改革开放初期的大发展，对缓解用电紧张局面、促进地区经济发展、提高人民生活水平方面发挥了不可替代的作用，应给予充分肯定，但任何问题都是时代的问题，在建设生态文明的新时代，在供电能力大幅度提升的条件下，适当退出一些小水电也是时代进步的表现。

三、结语

2019年9月19日，习近平总书记在河南省郑州市召开的黄河流域生态保护和高质量发展座谈会上，发出了"让黄河成为造福人民的幸福河"的伟大号召。贯彻落实习近平总书记的讲话精神，把一条条河打造成造福人民的幸福河，需要深刻理解习近平生态文明思想，高度重视水生态保护与修复工作。本讲阐述了可持续发展、生物多样性和复杂系统理论，都是比较偏向认识论方面的理论，而对水力学、水

第八讲 浅谈水生态保护与修复的理论和方法

生态学、环境科学等应用科学方面的理论没有展开,是因为笔者认为认识是实践的先导,在当下观念转变至关重要。阐述了"一条主线,六个字"的基本方法,对生态教育、制度建设等问题也没有涉及,这些问题也是非常重要的。本讲仅作为抛砖引玉,希望更多的专家学者参与讨论,共同推进水生态保护与修复工作。

第九讲

论我国水生态保护与修复的任务与对策

(2020年2月18日)

2014年3月14日,习近平总书记就水利工作发表重要讲话,分析了我国水安全面临的严峻形势,指出保障国家水安全需要研究的十个重大问题,提出"节水优先、空间均衡、系统治理、两手发力"治水思路,为做好今后水利工作提供了理论武器和行动指南。

本讲在习近平总书记重要讲话精神指引下,聚焦我国水生态保护与修复工作,结合长期实践,分析当前存在的问题和亟待解决的需求,提出切实可行的建议或对策,以期抛砖引玉,就教于在水安全工作领域的专家学者和干部群众,集思广益、群策群力、贯彻落实习近平总书记新时期治水思路,应对解决好保障国家水安全重大问题,为中国人民谋幸福,为中华民族谋复兴。

一、深化对水生态损害问题的认识

随着我国经济社会不断发展,水安全中的老问题仍有待解决,新问题越来越突出、越来越紧迫。老问题,就是地理气候环境决定的水时空分布不均以及由此带来的水灾害。新问题,主要是水资源短缺、水生态损害、水环境污染。新老问题相互交织,给我国治水赋予了全新内涵、提出了崭新课题。水灾害、水资源短缺是长期在抓的工作,水环境污染近年来事件频发,但水生态损害问题还没有引起足够的重视。

解决水生态问题首先要了解水生态。一是涵养水源的生态空间大面积减少，盛水的"盆"越来越小，降水存不下、留不住；二是河流断流、河道缩减，许多奔腾咆哮的大河变成涓涓细流，相当一部分河流已经河枯岸荒，"白鸟一双临水立，见人惊起入芦花"的景象在很多地方已一去不复返了；三是天然的水环境在消失，却花大把钱去搞人工仿造。水生态是长期自然、社会经济演变的结果。水生态系统是由"盆"、水流等生境以及生存于其中的水生生物构成。保护和修复水生态就是要规范人的行为，纠正人的错误行为，避免或减少人为干扰，保持其系统的完整性和多样性。

水生态损害严重问题是当前我国水利工作的短板。这块短板的形成有深刻的社会、历史原因。旧中国多年战乱，满目疮痍，水利设施破坏殆尽。新中国成立后，水旱灾害频发，党中央、各级政府和人民群众把目光和精力都放在兴修水利、减灾防灾上。改革开放后，快速的城市化和工业化又把水供给不足、水环境破坏等问题摆在面前，解决这些问题又成为急务。水生态问题对社会经济发展的影响短时期内显现不出来，容易被忽视，具有潜在性。这影响了我们对水生态损害问题的判断，对水问题的认识不准确、不全面，把水当成了取之不尽、用之不竭的资源，没有从生态的、系统的角度认识水和把握水。

补齐水生态损害严重这块短板，首先要正视问题。70 年来，水利工作取得了辉煌成就，农田水利基础建设、三峡工程、南水北调工程等都是"过五关斩六将"取得的成绩。但也毋庸讳言，也有"走麦城"的时候，比如围湖造田、截断江河与湖泊的连通、三门峡工程等，这些问题带来了比较严重的生态后果。其次，要进一步加深对水规律的理解，转变观念，树立江河不老、永续利用的指导思想。水生态系统是水与水生动植物长期协同进化的结果。从本质上说，水生态系统是一个活的系统，是一个生命系统。如果不能合理地开发和利用，它就会老、会病、会死。2018年4月26日，习近平总书记在深入推动长江经济带发展座谈会上重要讲话指出"长江病了，而且病得还不轻"，就是这个道理。治理和开发河流要着眼于可持续发展、永续利用。可持续发展的意思是上一代人的利用不影响下一代人的利用。要做到可持续发展，最根本的是要保证水生态系统的完整性。盆小了、水干了、草枯了、鱼灭绝了，就是对后代不负责任。

深化对水生态损害问题的认识，最重要的是要担负起水资源开发利用对水生态影响的责任。不能把自身造成的问题推给其他部门，要把水生态保护与修复工作作为今后水利工作的主战场，并在工作上予以落实。要从学校教育抓起，组织编写水生态学教材，开设水生态学课程，不能把水利学院仅仅办成水利工程学院。对已有的水利工程项目进行水生态保护评估，根据评估结果，该进行完善提高的完善提高，该优化调度的切实优化调度。对新建项目，要从项目筹划、设计开始，贯彻生态优先、绿色发展的指导思想，把保护好水生态作为建设工程的重要任务。

二、着力解决九个水生态问题

除了已经有比较深入研究的土地淹没、移民、诱发地质灾害等问题外，水利工程对水生态的影响还需要关注以下九个问题。

1. 大坝工程

（1）大坝上游的生态问题。

①河流变湖库，生境变化导致生物物种变化。鱼类组成会出现明显更替。长江水产研究所段辛斌等和华中农业大学水产学院吴强等分别调查了三峡库区蓄水前（1997—2000年）和蓄水后（2005—2006年）鱼类资源情况，发现蓄水前后流水型鱼类资源，像圆口铜鱼，显著下降。上海市环境科学研究院曹勇等对三峡水利工程二期蓄水前后鱼类群落

结构进行研究，发现在蓄水过程中也出现了鱼类群落明显替换的现象。

②水库水流流速变缓，水体自净能力减弱，导致富营养化及藻类水华现象发生率增加。水利部长江水利委员会对三峡库区2012—2015年监测结果表明，2012年达到中营养化程度的较大支流有16条，2013年有5条已经达到富营养化程度，到2014年增加到11条，富营养化程度增加。2012年16条支流水华暴发的概率达到81%，显著高于2009年（38%）、2010年（50%）和2011年（50%）。2013—2015年水华暴发的概率出现回落，但仍处于较高的发生率，分别为75%、63%和43.7%（见图1）。

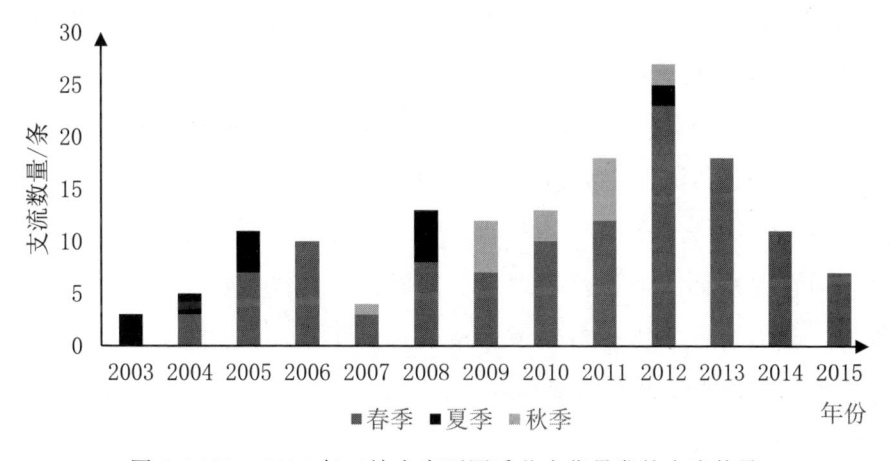

图1 2003—2015年三峡水库不同季节水华暴发的支流数量

（2）大坝下游的三个主要生态问题。

①清水下泄。冲刷下游河道，导致局部河道河势变化较大。清水下泄可以冲深河床，从长远看对防洪有利，但短期内会导致崩岸塌岸问题的发生。据监测，宜昌到湖口段在2002—2013年间，平滩河槽总冲刷量为$1.19\times10^9\text{m}^3$（含河道采砂量）。长江中游干流河道在2003—2013年10年间发生崩岸共计698处，受损堤岸长度约521.4km。

②滞温效应。由于水库蓄水的影响，会使坝下游春季水温下降、

秋季水温升高，达到历史同期水温需要更长时间，对三峡库区蓄水前后坝下江段水温变化研究发现，水温比同期秋季高出 2～4℃，水温下降过程滞后，比同期延后 20～36d，对中华鲟的自然繁殖和生存有很大的影响。廖小林等和蔡玉鹏等的研究也证实了水温过程滞后对中华鲟和四大家鱼繁殖产生了明显影响。

③水文过程改变。水库蓄水导致大坝下游的水文过程改变，水的流量、流速、流态发生时空变化。河流断流是水文过程改变最严重的情况。华北地区是水文过程改变影响最大的区域，断流问题比较普遍。国家发展改革委、水利部和国家林业局在 2016 年 12 月联合印发了《永定河综合治理与生态修复总体方案》，计划投资 370 亿元着力解决永定河水资源过度开发、水环境承载力差、污染严重、河道断流、生态系统退化、部分河道防洪能力不足等突出问题，将永定河水系恢复为"流动的河、绿色的河、清洁的河、安全的河"。

2. 河道（航道）整治工程

可能是受西方河道治理理论的影响，也可能是出于安全和方便的考虑，还有可能是由于对河道形成的理解不全面，前些年，河道治理走了弯路，出现了两个方面的问题。

（1）裁弯取直。

这是中小型水利工程或农田水利工程中常用的改善措施。农村土地整得方方正正，有利于耕种和机械化，河道因而也被整治得横平竖直。这一问题在大江大河治理中也屡见不鲜，航道治理工程为通航方便，裁弯去滩的也有一些。但这种改造缩短水流在河道中的停留时间，减少水向沿河堤岸的渗透，在大降水和洪水时易于造成涝灾和洪灾。

（2）河岸衬砌和硬化。

德国莱茵河在 1993 年和 1995 年发生过两次洪灾，其主要原因是莱茵河的水泥堤岸阻碍了水流向堤岸渗透。对此，德国对河道及沿线岸边进行回归自然改造，将水泥堤岸恢复成具有自然属性的储水湿润带，对支流进行弯曲化改造以延长洪水在支流停留的时间，降低主河道的洪峰流量。

这些灾难还没有得到足够的重视，混凝土硬化在我国河道治理中仍是主要的工程措施。

3. 涉湖工程

（1）阻隔河湖。

主要是建闸和采用拦网、栅栏及电网阻隔河流生物通道。与长江连通的鄱阳湖和洞庭湖对保护长江水生物多样性具有重要影响。从20世纪50年代开始，大规模的围湖造田活动导致湖泊面积减小。此外，湖泊和长江之间修建的多处控制闸阻隔了江湖连通，使湖泊中鱼类物种减少，江湖中洄游鱼类消失，生态结构发生明显变化。中国地质大学朱江教授等对湖北省武汉市涨渡湖调查发现，江湖被阻隔后，鱼类多样性减少，群落结构向单一性方向发展，流水性和洄游性鱼类所占比重由20世纪的50%减少到现在的30%。渔业生产也会造成阻隔，对三峡库区监测发现通过拦网和电网阻隔的支流和干流就有13处。

（2）填湖造地。

由于利益驱使，多地进行填湖造地，用于开发房地产项目或者建工业区，湖泊面积大大减少，对水环境造成极大的破坏。1998年特大洪水发生后，填湖造地问题得到遏制，但是仍有发生。据《中国经营报》报道，21世纪80年代以来，仅武汉湖泊面积就减少了226.78km^2。

三、保护和修复水生态的方法

水利学家和生态学家对水生态保护与修复进行了大量研究，总结成果提出"一条主线、六字方针"的基本方法。

1. 一条主线

人要发展，鱼要生存，概括为"人鱼线"，是水生态保护与修复的主线。人类居于生物圈——地球生态系统的顶端，因此，人类肯定要发展。鱼位于水生态系统食物网的顶端，鱼类的生存状态能够很好地评价生态完整性。鱼类群落通常包括能代表各个营养级的一系列种类，如食草性鱼类、食虫性鱼类、杂食类鱼类、滤食性鱼类等。同时鱼类也能反映出藻类、浮游动植物、水生植物和大型无脊椎动物的生存状况；还能反映出急性的毒理效应（某些分类单元的缺失）和胁迫效应（生长缓慢，繁殖能力降低）。

2. 六字方针

"调、控、退、通、改、拆"六字方针措施解决水生态损害问题。"调"是生态调度，"控"是控制水污染，"退"是退建还水、退田还湖，"通"是河湖连通，"改"是对已建涉水工程进行生态化改造，"拆"是对在保护区、重点风景名胜区、特有鱼类栖息地修建的小型工程要采取坚决措施拆除，恢复原貌。

（1）生态调度。

生态调度没有统一的定义，从目前国内的实践看有两种调度，分别是中国三峡集团有限公司开展促进四大家鱼产卵为目的的调度和水利部开展的以保证水库下游生态基流为目标的调度，是狭义的生态调度。此外，也开展了一些单目标的生态调度，如水利部珠江水利委员会组织的压咸补淡调度、黄河水利委员会组织的水沙调度。

中国长江三峡集团有限公司原总经理、国务院三峡建设委员会办公室原副主任、水利专家陈飞对生态调度进行了长期深入的思考，在多篇讲话和文章中阐述了广义生态调度观点。强调要通过管理运行好三峡工程，切实保护好长江，确保长江不老。其工作思路可概括为四个方面。一是三峡工程运行贯穿生态调度这条主线；二是生态调度要以水文、生态环境这两项预测预报为基础；三是生态调度要贯穿于防洪、发电和航运三项重点任务之中；四是一年四季都要精心组织实施生态调度。

不管生态调度如何定义，其实践成效显著。以中国长江三峡集团有限公司组织的促进四大家鱼产卵调度为例，水利部中国科学院水工程生态所的报告称：三峡水库从2011—2018年每年的5—6月进行生态调度促进四大家鱼自然繁殖，其中2012年、2015年和2017年每年调度2次，其他年份每年调度1次，共计11次。长江宜昌江段持续涨水时间3～7d，流量日均涨幅1080～3180m^3/s，水位日涨幅为0.43～1.30m，水温为20～24℃。结果显示生态调度对四大家鱼产卵产生积极效应，但2016年除外；调度期间估算各年份累计产卵量达到$8.08×10^8$粒，占监测期间累计产卵量（$2.11×10^9$粒）的38.3%。

可以把生态调度定义为维护河湖健康和生物多样性的调度。基于这个定义，建议长江主要调度方式的顺序如下：防洪调度优先于生态调度，生态调度优先于中下游补水调度，中下游补水调度优先于航运调度，航运调度优先于发电调度，发电调度优先于调水调沙调度。

目前，国内外对生态调度的研究较少，理论和实践都很薄弱，因此，需要联合多学科的力量组织开展攻关研究，完善理论和丰富实践基础，进而制订河流生态调度的目标、标准、规程等，实施生态调度，促进河流的生态保护与修复。

（2）控制污染。

水体污染对水生态的影响是非常巨大的，控制污染的当务之急是落实《中华人民共和国水污染防治法》第二十条和第二十一条。新修订的《中华人民共和国水污染防治法》第二十条重申了"国家对重点水污染物排放实施总量控制制度"，并在第二十一条中的排污许可管理要件中增加了"水污染物排放总量"控制内容。

因此，河流污染治理的目标是改善河湖水质，控制"入河污染物总量"，分析原因如下：

一是"达标排放"往往不能确保河湖水质改善。在点源污染控制方面，认为"达标"排放对环境是安全的。即使按照污水一级排放标准控制，其排出的废污水水体也将劣于地表水Ⅴ类。当一个地区的产业布局较密集时，其水体污染物排放对河湖水质的危害也是巨大的（见表1）。

二是即使是各段水污染物排放实施总量未超出限值，但河流或湖泊仍然呈现为污染状态。这主要是因为河湖污染物总量计算错误，不是按河湖自净能力做的测算，没有考虑历史累积的污染物和污染物在一定时空的新的物理化学反应。河湖污染物总量分配方法错误，按河流长度平均分配，逐段累积，污染物到下游会超过自然净化的阈值。

表1 《污水综合排放标准》（GB 8978—1996）与《地表水环境质量标准》（GB 3838—2002）对比

	一级			二级			三级		
《污水综合排放标准》（GB 8978—1996）	COD	TP	NH_3-H	COD	TP	NH_3-H	COD	TP	NH_3-H
	100	1	5	200	3	8	1000	5	15
《地表水环境质量标准》（GB 3838—2002）	Ⅰ类			Ⅱ类			Ⅲ类		
	COD	TP	NH_3-H	COD	TP	NH_3-H	COD	TP	NH_3-H
	15	0.02	0.15	15	0.1	0.5	20	0.2	1.0

（3）退建还水。

退去侵占水域的各种建设，包括房地产、工业园、养殖和种植等地，恢复原来的水域。

以长江为例，新中国成立以来，长江中下游进行了大面积的围垦，1000多个湖泊消失，蓄水容积减少 $5.0 \times 10^{10} m^3$，围垦面积相当于现在鄱阳湖、洞庭湖、太湖、洪泽湖和巢湖总面积和的1.3倍。

1998年特大洪水过后，国家做出了退田还湖的决策。据新华网2002年3月2日一篇题为《中国主要江湖面积增长》的报道，五年间国家共投入103亿元用于长江及两湖地区退田还湖，鄱阳湖还湖面积$1343km^2$，洞庭湖还湖面积$1522.5km^2$，增加蓄洪容积$1.3 \times 10^{10} m^3$。但退田还湖不能从根本上解决长江防洪问题。1954年长

江有 $1.023\times10^{11}\mathrm{m}^3$ 的超额洪量，若 1954 年洪水再现，则现有退田还湖所增加的洪水调蓄能力，显然是杯水车薪。而且，由于长江中下游地区高度发达、人口稠密，使退田还湖政策不可持续。1998 年能够实施退田还湖政策也是利用了 1998 年特大洪水的历史契机。解决长江中下游防洪问题，重点还是要加强蓄滞洪区建设。

在其他流域，退田还湖问题还没有破题。在财力允许的条件下，要有计划、有步骤地推进退田还湖工作。有人认为，退田还湖资金投入大，还有移民问题，不好做还尽花钱，这是不正确的。从生态学的角度讲，湿地是具有较高生产力的生态系统，只要在保护好湿地的前提下合理利用，一定能获得比种植一般农作物更好的经济利益。

（4）河湖连通。

河湖连通是修复被人为阻隔的河与湖的连通性，目的是为水生生物提供多样化的生态环境和育肥场所，从而保护生物的多样性。2010 年水利部就对江湖连通工作进行部署，在当年召开的全国水利规划计划工作会议提出"江湖连通是提高水资源配置能力的重要途径，要构建引得进、蓄得住、排得出，可调控的江湖水网体系，根据丰枯变化调度引流，实现水量优化配置，提高供水的可靠性，增强防洪保障能力，改善生态环境"。然而 10 年过去了，这项工作部署拓展了工作思路，扩大了河湖连通的工作范围，给河湖连通附加了一些不属于它的功能和作用。河湖连通工程是生态修复工程，而不是水资源配置、防洪或排污工程。

河湖连通工作现在出现了两个极不好的苗头，应予以纠正。一是转移污染。在实施河湖连通工程时，有的地方采用引入河道优质水，导出湖泊污染水，湖水从死水变活水改善了湖泊水质，但导出的湖泊污染水却污染了河道水质。这实际上是一种污染转移。二是引水造景搞开发，这是更应制止的一种功利主义做法。

河湖连通工作的技术难点是要处理好恢复河湖自然连通性（特别

是生物通道的连通性）与防洪和人类利用的矛盾。

（5）生态化改造。

20世纪90年代，已有学者认识到传统水利、航运工程会对生态环境带来破坏，对此采取了一些措施，对修建的大批非生态型水利航运工程进行改造，主要包括以下方面。

一是对渠化的河道进行生态化改造。国外已经取得明显成效。"欧共体"通过实施"鲑鱼—2000计划"对莱茵河进行生态修复，到2000年全面实现了预定目标。鲑鱼已经从河口洄游到上游一带（瑞士）产卵，鱼类、鸟类和两栖动物重现莱茵河。美国通过回填运河，开挖原有河道、拆除水闸和恢复沼泽等工程对基西米河进行生态修复，河道中过度繁殖的水生植物得到有效控制，沼泽地得到恢复，创造了多样的生物栖息地；水质得到明显改善，水中溶解氧浓度大幅度提高；甚至已经匿迹的鸟类又重新返回基西米河，生态环境得到很大的改善，经科学家证实此地鸟类数量相对改造前增加了3倍。

二是增建过鱼设施。过鱼设施包括鱼道、鱼闸、升鱼机和集运鱼系统等形式。此类设施修建问题在业内和社会上引起了广泛关注。但大坝上游水生态环境已发生变化，不再适宜修建过鱼设施。

三是增建分层取水设施。水库存在水温分层现象，为减缓下泄低温水对下游水生生物或农田灌溉的不利影响，需要采取必要的水温恢复和调控措施。一些大坝只有一个高程出水口，有必要进行技术改造。

（6）拆除违规项目。

2018年12月14日，水利部、国家发展改革委、生态环境部、国家能源局联合下发了《水利部　国家发展改革委　生态环境部　国家能源局关于开展长江经济带小水电清理整改工作的意见》。意见提出在2020年年底完成清理任务，对涉及自然保护区核心区或缓冲区，严重破坏生态环境的水电站进行清理整改。完善建管和监管体系，缓解长江经济带因小水电站导致生态环境破坏的突出问题。

虽然清理整改工作在进行，但是应对小水电的地位和作用进行科学的认识。在改革开放初期，小水电在促进社会经济发展、提高人民生活水平、缓解用电紧张方面发挥了巨大作用。在建设生态文明新时代，供电能力大幅度提升的条件下，适当优化整改一些小水电站也是时代进步的表现。

认识是实践的先导，认识问题是解决问题的第一步。要以党的十九大精神为指导，树立人与自然是生命共同体的理念，尊重自然，顺应自然，保护自然，努力实现江河不老，绿水长清，建设美丽中国。

第十讲

污水资源化利用
是解决我国水安全问题的关键一招

（2021 年 4 月 2 日）

2021年水利部节约用水工作要点明确指出，将节水纳入严重缺水地区的政绩考核，遏制住全国地下水污染加剧状况，要运用成熟适用技术，加快研究提出税收和价格改革的可行方案，完善水治理体制，要有预见性，早动手，是否能像"大气十条"那样拿出几条硬措施。

一、污水资源化利用是解决我国水安全问题的关键一招

当前我国面临的水时空分布不均、水资源短缺、水生态损坏和水环境污染的新老问题，可以总结为两大根本性水问题——"水脏、水少"。

"水脏"主要体现在当前水环境仍然处于严重污染的状态，污染物的排放严重超出了水体的环境容量，水体失去了应有的功能，从而又循环导致了水生态损坏和可利用水逐步减少。根据《全国重要江河湖泊水功能区划（2011—2030 年）》中确定的水功能分区和水质目标，目前，全国水体平均 COD（化学需氧量）超载率为 210%，氨氮超载率为 330%，远远超过目前水体容污染物的最大负荷量，最为严重的海河流域 COD 和氨氮的超载率高达 1910% 和 3070%。在河流方面，劣Ⅴ类水体现象严重，例如，北京地区 34.7%（按长度计）为劣Ⅴ类，天津地区 40%（按断面计）为劣Ⅴ类；在湖泊方面，截至 2019 年，全

国28%的湖泊（水库）处于富营养状态（氮、磷浓度高引起）；在地下水方面，全国10168个国家级地下水水质监测点中，Ⅳ类水和Ⅴ类水占85.7%，水质较差（污染引起）；在水源地方面，2018年水利部统计，全年水质合格率在80%及以上的水源地占评价总数的83.5%。

"水少"主要体现在三大方面——资源型缺水，地域时空型缺水和水质型缺水。中国人口基数大，水资源呈现出总量大、人均少的特点。根据水利部发布的《2019年中国水资源公报》，2019年，我国全年水资源总量为29041亿 m^3，水资源总量居世界第六位。但是，我国的人均水资源量只有约 $2008m^3$，仅为世界平均水平的1/4，全球192个国家排127位，是全球水资源极度缺乏的国家之一。当前我国年缺水量约530亿 m^3，其中国民经济缺水约400亿 m^3，挤占河道内的生态用水约130亿 m^3。全国669座建制城市中，400余座缺水，100多座严重缺水。同时，我国水资源地区分布不均，具体表现在南多北少，北方人均水资源小于南方的1/4。在我国水资源一级区，2019年，位于南方的四个区占全国水资源总量的80.68%，其中长江区水资源总量更是高达10549.7亿 m^3；位于北方的六个区占国土面积的大部分，水资源总量却只占不到1/5，尤其京津冀、西北部分地区严重缺水，华北地区有世界最大的地下水漏斗区之称。此外，我国许多流域和地区水环境污染严重，更是加剧了水资源的紧张，生态环境部在2019年7月对全国295个地级及以上城市黑臭水体整治情况开展排查，共排查出多达1807个黑臭水体，其中，长江经济带98个地级城市黑臭水体数量为1048。

污水资源化就是按照国家地表水资源的标准，根据不同用途选用不同类别的标准，采用对人体和环境无害的方法对污水进行处理，形成再生水，实现水资源循环利用，污泥处理成有机肥、生物能。污水资源化是国际上经济发达地区解决缺水问题的一项常规的重要措施。再生水可以用于直接补充江河、湖泊、水库及回灌地下用水，作为工业用水、农业灌溉、城市绿化、建筑冲刷、环境卫生用水、也可回归自然地表水体作为新水源。它与开发新水资源相比，具有不影响生态环境、不争水、不筑坝、不淹地、不需要长距离输水、就地利用、投资省、见效快、成本低等显著优点。

要改变我国江河、湖泊、水库及地下水体严重污染状况，必须坚持标本兼治、源头治理，从减少农业面源污染和城镇排放的污水抓起。特别是由于现行国家污水处理标准 (GB 8978—1996、GB 18918—2002) 远低于国家地表水标准（GB 3838—2002），即使按照最高的一级 A 类标准处理仍达不到地表水Ⅴ类标准。根据住建部门统计数据，全国城市每年污水处理排放出来 450 亿 m^3 的水仍属劣Ⅴ类污水，再加上城乡大量尚未收集处理的污水，成为江河湖库及地下水体的一个主要污染源（见表1）。

表1　国家污水处理及地表水环境质量主要标准比较

序号	指标	国家级 A类	国家级 B类	地表水环境质量标准 Ⅰ类	Ⅱ类	Ⅲ类	Ⅳ类	Ⅴ类
1	COD/(mg/L)	50	60	15	15	20	30	40
2	BOD_5/(mg/L)	10	20	3	3	4	6	10
3	总氮	15	20	0.2	0.5	1.0	1.5	2
4	氨氮	5	8	0.15	0.5	1.0	1.5	2
5	总磷（非湖库）	0.5	1.0	0.02	0.1	0.2	0.3	0.4

二、污水资源化技术上成熟，经济上可行

1. 污水资源化是世界上经济发达国家解决缺水问题的一项常规办法

（1）新加坡是一个典型案例，新生水已成为高品质再循环水品牌。2010 年，新加坡建成世界上最大的樟宜再生水厂，每天生产约 23 万 t 新生水，可提供新加坡约 15% 的用水。新加坡新生水大部分用于

工业生产，少部分打入蓄水池与天然的地表水混合经传统工艺净化消毒后，作为生活饮用水，新生水利用量占总用水量的1/3。

（2）以色列于20世纪60年代开始建立国家水系统，建有127座再生水库，90%的再生水都汇入了国家水系统。农业和工业生产用水大多数取自再生水，全国100%的生活污水和72%的市政污水得到回用。

（3）美国城市污水再生利用主要分布在水资源供给不足的加利福尼亚、亚利桑那、佛罗里达和得克萨斯等州，广泛用于农业灌溉、工业设备冷却、景观环境、地下水补给等方面。

（4）日本早在1962年就开始污水再生利用，1984年东京市政府又制定了污水回用指南及相应的技术处理措施，主要用于冲厕、景观、河流补给、农业灌溉等。

（5）欧盟、南美、印度、南非等国家的污水回用也很普遍，欧洲越来越多的国家开始利用再生水，主要用于农业灌溉、工业用水、城市杂用和生态用水（包括地下水补给）等。

2. 国内的成功案例

近年来，国家大力开展重点湖泊保护治理，黑臭水体治理，很多地区都在提标处理污水。北京、天津、深圳、昆明、合肥、江苏、浙江、四川、雄安等都在按国家地表水资源Ⅳ类甚至Ⅲ类标准治理污水排放。

（1）北京的政策措施效果最为显著，全面改善提升了北京水体环境质量，促进北京再生水利用量达10.8亿 m^3，占全市用水总量的27.5%。北京市北运河成为年径流10亿 m^3 的再生水河流，水质基本达到地表水Ⅳ类标准，为农业灌溉、回灌超采的地下水、工业和生态景观用水等创造了条件。

（2）广东省深圳市茅洲河流域面积388km^2，人口427万人，年经济总量达2534亿元，每天污水处理排放量达225万t，原来水体是总氮含量达15.8～24g/L的黑臭河流。经过三年全流域截污、雨污分流、七个污水处理厂按地表水Ⅳ类标准进行提标扩容，目前该河生态环境得到极大的改观，成为游人向往的地方，现在正在实施"碧道"计划和用优良的生态环境及再生水开发河流两岸的产业。

第十一讲

三峡工程生态环境保护成效与展望

（2024年12月13日）

三峡工程生态环境保护一直备受社会关注，也是专家学者的重要研究课题。在党中央、国务院的领导下，国家有关部门和单位、有关省市积极开展科学研究，进行长江全流域监测，加强三峡工程生态环境保护。开工前，开展了大量的科学研究工作，开展了全面的环境影响评价，建设了三峡工程生态环境监测系统；建设期，开展了连续监测，对重点生物实施了保护，进行了农村移民安置政策、工矿企业迁建政策调整，开展了地质灾害和水污染防治等；运行期，优化了监测系统，开展了大规模植树造林活动，进行漂浮物清理，开展船舶流动污染防治，加强重大问题研究等。这些举措成效显著，努力使三峡工程成为全球水工程生态环境保护的典范。面向新征程，三峡工程生态环境保护工作应统筹高质量发展和高水平安全，着力提升三峡工程生态安全管理能力，最大程度发挥三峡工程防洪、发电、航运、水资源利用和生态环境保护等综合效益，更好地服务支撑国家战略和区域重大战略，发挥国之重器在推进中华民族伟大复兴中的重要作用。

一、三峡工程开工前的生态环境安全管理

1. 开展了大量的科学研究工作

三峡工程的生态环境问题备受社会关注。长期以来，国家组织开

展了大量的研究工作。20世纪50年代、80年代，原国家技术委员会、原国家科学技术委员会就三峡工程建设中的难点问题组织了两次全国性的科技攻关，其中就包括生态环境问题。水利部长江水利委员会（原长江流域规划办公室）对三峡工程生态与环境相关问题开展了长达50年的研究工作，范围涵盖三峡工程库区及长江上中下游和河口地区，内容包括长江流域规划和三峡工程设计论证，以及水文泥沙、水环境、水生生物、局地气候、陆生生物、移民安置、地质地震、人群健康、社会经济等多方面的针对性基础研究，为后续进行环境影响评价奠定了基础。

2. 开展了全面的环境影响评价

完成《长江三峡水利枢纽环境影响报告书》（以下简称《报告书》）编写工作。《报告书》在更高层次从宏观角度对三峡工程的生态与环境情况进行了系统总结，认为整个长江流域大部分地区生态与环境恶化的趋势未能得到有效控制，即使不建三峡工程，也有综合治理的紧迫性。同时，也认为三峡工程对生态与环境的影响范围广、因素多、时间长，且关系复杂、利弊交织。这些影响时空分布不均匀，且具有累积性和长期性，影响程度在空间上也有差异，有利影响主要在中游，而不利影响主要在库区。《报告书》的总体评价结论是：三峡工程对生态与环境的影响有利有弊，必须予以高度重视，采取有力措施并切实执行，可使不利因素的影响降到最低限度，并使已退化的生态与环境不进一步恶化。如果给予长期连续的投入，可使局部生态与环境得到改善。对于当时人力难以控制和难以预测的生态与环境影响，应加强监测与预报，落实相应措施，使其危害程度与造成的损失得以减轻。

针对三峡库区当时存在的环境问题，以及工程建设引起的生态与环境影响，《报告书》提出了一系列关于水环境、水生生态、局地气候、陆生生态、文物与景观旅游、人群健康移民等方面和枢纽施工区、移民安置区、中下游平原湖区（洞庭湖、鄱阳湖、巢湖、太湖等）、长

第十一讲 三峡工程生态环境保护成效与展望

江河口等区域的环保措施。《报告书》明确提出的重点对策措施包括：搞好库区环境污染防治整体规划；加强长江中上游林业建设，做好水土保持工作；加强珍稀濒危物种与资源保护；加强文物保护和考古发掘工作；优化水库调度，尽可能满足生态和环境保护与建设的要求；三峡工程建成后，在发电收益中提取一定比例，建立三峡环境基金，用于生态和环境保护与建设；继续开展三峡工程生态与环境科学研究与监测，建立健全三峡工程生态与环境监测网络；建立健全三峡工程环境管理系统，制定和完善三峡工程环境保护法规；加强环境保护的宣传和教育，增强环境保护意识；建立三峡工程生态与环境监测系统。

3. 建立了三峡工程生态与环境监测系统

按照《报告书》和原国家环境保护局批复意见，原国务院三峡工程建设委员会联合中国长江三峡集团有限公司建立了跨地区、跨部门、多学科、多层次的生态与环境监测系统。该系统涵盖污染源、水环境、农业生态、陆生生态、湿地生态、水生生态、大气环境、地质灾害、地震、人群健康等 10 个子系统，由 28 个重点站、近百个基层站或监测站组成，监测指标达 2000 余项。通过连续监测和分析研究，形成了不可重现的长时间序列的基础性资料和成果，保证了监测数据的系统性、综合性和连续性，为客观总结和评估三峡工程对生态环境的影响奠定了良好的基础。

二、三峡工程建设期的生态环境安全管理

1. 开展了连续监测

1994 年 12 月 14 日，三峡工程正式开工建设。自 1996 年开始，建成的生态与环境监测系统对建库前后库区及长江中下游和河口地区的生态与环境实行全过程跟踪监测并及时预测预报。在监测系统各重点站提供的年度监测报告基础上，自 1997 年起每年编制《长江三峡工

程生态与环境监测公报》，反映上一年度三峡生态与环境现状及变化，由原国务院三峡建设委员会办公室和原环保部审批后，向国内外发布。以上监测工作为三峡工程建设和运行阶段以及三峡工程竣工验收中的生态环境评估工作奠定了坚实基础。

2. 对重点水生生物、陆生生物进行了保护

根据《报告书》和初步设计安排，将三峡工程生物多样性保护工程建设主要分为两大类，即陆生植物保护和水生生物保护。十几年来，原国务院三峡建设委员会相继组织实施了湖北宜昌大老岭植物保护区建设、湖北省宜昌市兴山县龙门河常绿阔叶林自然保护区建设、古树名木保护、疏花水柏枝和荷叶铁线蕨抢救性保护等陆生植物保护工程，以及湖北宜昌中华鲟自然保护区工程和上海市长江口中华鲟自然保护区工程。

设立珍稀植物研究所，开展三峡特有珍稀植物迁地保护、植物繁育、植物回归与应用等保护工作。《三峡工程环境影响评估报告》中提到可能受影响的560种植物全部得到有效保护。截至2020年年底，迁地保护长江特有珍稀植物1006种2.4万余株，珍稀植物种质资源保存1006种，种子保存100余种，科学保存并制作珍稀植物腊叶和浸制标本600余种。论证阶段提出的可能因三峡库区蓄水灭绝的荷叶铁线蕨、疏花水柏枝，截至2020年年底，共计繁育5.5万余株。

对中华鲟等珍稀水生物种进行保护，采取珍稀鱼类养殖、人工增殖放流等措施扩大物种规模数量。三峡工程枢纽初步设计报告专门安排了珍稀鱼类放流项目和资金。2005年年初，原农业部组织编制了三峡工程珍稀鱼类增殖放流实施方案，组织各有关单位和沿江各省市开展珍稀鱼类和经济鱼类放流。截至2020年年底，中华鲟研究所连续组织开展中华鲟放流活动60余次，累计向长江放流中华鲟超过503万尾；累计放流圆口铜鱼、胭脂鱼、长鳍吻鮈（不含中华鲟）等长江上游珍稀特有鱼类逾178万尾；放流重要经济鱼类约2.7亿尾。同时，加强

了放流跟踪监督监测、效果分析评价等工作。

3. 实施了"两个调整",开展了"两个防治"

1999年,国务院决定对三峡移民政策实行"两个调整"。一是对农村移民安置政策的调整,鼓励和引导更多的农村移民外迁安置,55.07万农村移民中,19.62万人走出三峡库区到沿江、沿海及全国多个省市农村安置,有效避免了陡坡种植、毁林开荒;二是对工矿企业迁建政策的调整,对污染严重、产品无市场和资不抵债的国有企业、集体企业,坚决实行破产或关闭。1632户搬迁工矿企业中,依法破产关闭924户,一次性补偿销号320户,对根除污染源和库区经济转型发展做出重要贡献。

2001年,国务院决定在三峡库区实施"两个防治"。一是地质灾害防治,对崩塌体、滑坡、库岸不稳定地段、高切坡等,进行工程治理、搬迁避让、预警监测和群测群防,取得斐然成绩:连续蓄水16年来,长达5700km的水库库岸未发生一起人员伤亡事故。二是在三峡库区及其上游地区实施水污染防治,沿江城镇建设了生活污水处理厂和垃圾填埋场,农村居民点建设了简易处理设施,基本实现处理设施全覆盖。根据2015年三峡移民工程验收报告成果,截至2013年年底,库区完成迁建县城(城市)污水处理厂18座、重点镇污水处理工程78个、配套污水管网842.19km,污水处理设计能力122.64万t/d;完成迁建县城(城市)垃圾填埋场12座、重点镇垃圾处理工程81个,垃圾处理设计能力0.5万t/d,配套建设垃圾收集、转运等设施;建成农村居民沼气池6.48万口、畜禽规模养殖污染治理项目40个。典型代表包括三峡坝区污水处理厂、太平溪污水处理厂、枫箱沟垃圾填埋场等。一系列防治措施的实施,有效减少了库区及其上游地区污染物质的产生与排放,减轻了库区污染负荷,对库区的水环境保护发挥了重要作用。

4. 实施了库底清理

严格的库底清理是三峡工程的一大特色,1997年制定的清库文件是我国水电工程建设的首创。按照《长江三峡水库库底固体废弃物清理技术规范》《长江三峡工程三期蓄水库底卫生、建（构）筑物、林木及易漂浮物清理方案》《长江三峡水库库底卫生清理技术规范》等要求，在三峡水库135m、156m、175m 分期蓄水前，均按照国家颁布的有关规程规范，对水库的库底进行了彻底清理，并通过了严格验收。

三、三峡工程运行期的生态环境安全管理

2020年11月，三峡工程建设任务全面完成，工程质量满足规程规范和设计要求，总体优良，运行持续保持良好状态，防洪、发电、航运、水资源利用等综合效益全面发挥，完成整体竣工验收后，转入正常运行期。

1. 优化监测系统，进行连续监测

2005年和2009年先后两次对1996年组建的长江三峡工程生态与环境监测系统进行了优化完善，形成了涵盖水环境、污染源、水生生态、陆生生态、农业生态、河口生态、局地气候、地震、遥感、人群健康、典型区、三峡水库管理等方面的监测系统，系统由13个子系统、34个监测站、150余个基层站组成。

开展动态监测是保障三峡工程安全运行和持续发挥综合效益的重要手段与支撑。2018年，国务院机构改革后，水利部三峡工程管理司负责指导监督三峡工程运行安全工作。2019年，结合三峡工程运行管理实际，对运行多年的三峡工程生态与环境监测系统进行了调整、优化、完善，构建了更全面、更系统的三峡工程运行安全综合监测系统，监测系统由9个子系统、31个监测站组成。三峡工程运行安全综合监测系统实现了从对影响生态环境状况的单一目标监测到统筹加强三峡枢纽运行安全、水安全、水环境、水生态、水污染等多要素和指标的综合监测转变，监测内容更为丰富，针对性更强，为水利部全面履行三

第十一讲 三峡工程生态环境保护成效与展望

峡工程运行安全指导监督职能,进一步加强三峡工程影响区的水环境、水生态、水资源"三水共治"提供有效手段和支撑。充分发挥水利行业及相关技术单位的专业优势,以有关部门和单位组织开展的相关监测工作为基础,注重应用新的水利监测技术手段,对三峡工程枢纽运行安全、水库蓄水退水安全、中下游河道影响、泥沙冲淤状况、地质灾害防治、库区经济社会发展等内容开展更全面的监测,并推进网络信息技术应用,实现监督管理便捷化、综合分析服务化,适应水利科学进步的需要,更好地发挥对三峡工程运行安全综合管理决策的支撑作用。

2013年起中国长江三峡集团有限公司每年发布《长江三峡工程运行实录》,主要包括三峡枢纽建筑物、三峡水库运行实况、发电、航运及生态环保等方面内容,全面、真实记录了三峡工程蓄水10年来枢纽工程及水库运行情况。

2. 开展大规模植树造林活动

三峡后续工作开展以来,共安排三峡水库生态屏障区植被恢复和生态廊道建设项目194个,总投资76.27亿元。截至2019年年底,完成造林260.57万亩(1亩=1/15hm^2,下同),其中生态公益林180万亩、低效林改造46.1万亩、封山育林34.47万亩,三峡库区生态屏障区森林覆盖率超过50%,完成规划目标任务,三峡水库库周生态保护带修复效果显著,自然生态系统得以有效恢复,生态屏障功能逐步显现。

3. 定期清理漂浮物

三峡水库蓄水后亟待解决的问题是漂浮物清理。三峡水库漂浮物一般集中在汛期,漂浮物主要来自流域上游范围内的地表覆盖植物、垃圾场及船舶废弃物,按其组成分为3类:农作物秸秆与地表植被、工业及生活垃圾、意外事故类漂浮物。

2003年12月,国务院批转了原国家环境保护总局关于《三峡库区水面漂浮物清理方案》,明确了清漂的职责分工及经费来源。经有关方面协调，形成三峡水库清漂共识并达成如下协议：中国长江三峡集团有限公司委托重庆市组织长江干流重庆段漂浮物清理；委托湖北省秭归县环保局负责长江干流湖北段漂浮物清理；委托宜昌港务集团公司负责坝前漂浮物清理；委托长江三峡水文局负责长江涪石段（重庆市、湖北省分界段）漂浮物清理的监理工作；三峡坝前漂浮物全部由中国长江三峡集团有限公司直接打捞清理，清漂方式以大中型机械化清漂船自动打捞作业为主，同时辅以小型机驳船人工保洁作业，坝前漂浮物全部被打捞上岸并运送至华新水泥（秭归）工厂进行水泥窑高温焚烧无害化处理。

自三峡水库蓄水以来，由于政策引导和措施得力，以及湖北省、重庆市高度重视，各有关部门密切配合，库区广大人民大力支持，三峡水库漂浮物清理问题得到了较好解决。据各区（县）市政、环卫部门初步统计，2008—2015年三峡水库试验性蓄水期间，库区各区（县）共清理水面漂浮物165.21万t（不含坝区、重庆主城区），其中长江干流88.94万t、长江支流76.27万t，地域分布情况为湖北库区13.65万t、重庆库区151.56万t。据三峡集团统计，2010—2020年，三峡坝前漂浮物累计打捞清理量为113.5万m^3（见图1）。近年来，三峡库区漂浮物基本实现零排放。

4. 开展船舶流动污染防治

库区流动污染源是水污染的重要来源之一，主要包括船舶垃圾、船舶含油（主要是机器燃油、润滑油）废水、船舶生活污水和化学品船舶洗舱水4个方面。库区流动污染源主要来源于船舶运输，其中货船是污染水域的主要因素。

为了有效防治船舶污染，解决库区船舶防污染关键技术，交通运输部联合国家发展改革委、原建设部和财政部下发《关于三峡库区船舶垃圾处理收费有关问题的通知》，发布了《关于开展三峡库区围油栏布设工作的通知》，要求在进行散装油类和类油物质装卸、过驳等

第十一讲 三峡工程生态环境保护成效与展望

作业时应布设围油栏；原建设部下发《三峡库区船舶垃圾转运和交接管理规定》和《船舶污染内河水域环境管理规定》；开展三峡船舶污染现状评估及对策研究、三峡库区船舶污染防治关键技术研究，以及船舶污染物接收单位的监督检查。通过建立船舶污染管理制度、研究库区船舶防污染关键技术、设立水上环卫垃圾接收设施、加强监督与检查工作等系列措施，船舶流动污染源防治工作开始走上规范化、法治化轨道，初步控制了船舶流动污染事件发生，有效保护了三峡水库水质安全。

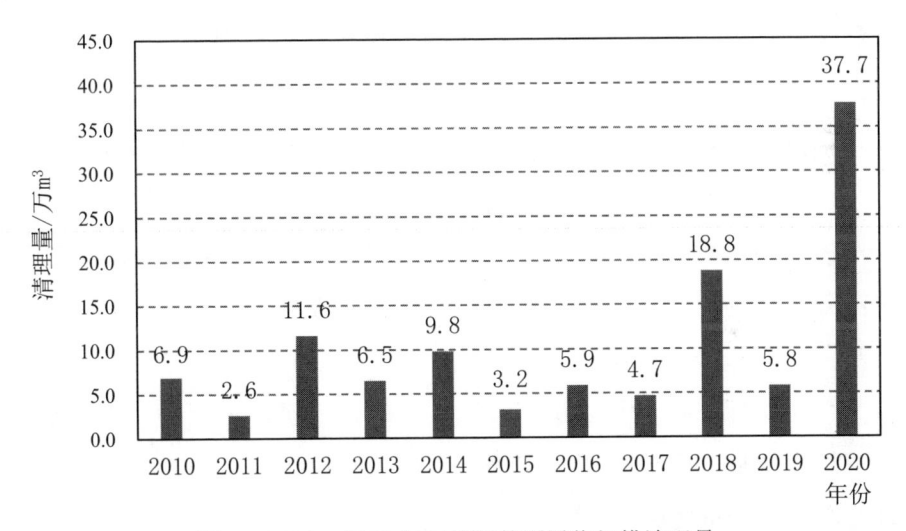

图 1　2010—2020 年三峡坝前漂浮物打捞清理量

5. 加强重大问题研究

按照"共抓大保护、不搞大开发"的总体要求，持续开展三峡库区和长江中下游影响区的生态修复与环境保护重大问题研究。重点针对三峡库区部分支流富营养化和系统治理问题、有利于长期保持三峡有效库容的水沙调控问题、三峡工程运行后长江中下游河道冲刷及江湖关系问题、鱼类生长繁殖和水生生物多样性保护问题，以及长江中下游重点河段水生态、水环境调度需求和调度方式等重大问题，开展深入分析和研究，及时促进相关成果转化和推广应用，提升科学管理能力和水平。

四、结论与展望

在全面推进中国式现代化的新阶段，三峡工程生态环境安全管理要积极践行"一个标志、三个典范"的时代要求和保障三峡工程"十大安全"的具体要求，统筹高质量发展和高水平安全。进一步深化科学研究与监测，持续开展三峡库区及长江中下游影响区的生态修复与环境保护重大问题研究，为科学管理提供依据；优化水沙调控，实施有利于长期保持三峡有效库容的水沙调控策略，确保水库的可持续运行；强化生物多样性保护，开展关键栖息地保护和生态廊道建设，实施珍稀濒危物种的保护工程，加强人工增殖放流工作；提升生态调度能力，根据水文、生态环境预测预报，实施更加精细化的生态调度，为水生生物提供更适宜的生存环境；加强船舶流动污染防治，完善船舶污染管理制度，推广清洁能源和环保技术在船舶上的应用，减少船舶对三峡水库水质的影响。要着力提升三峡工程生态安全管理能力，最大程度发挥三峡工程防洪、发电、航运、水资源利用和生态环境保护等综合效益，更好地服务支撑国家战略和区域重大战略，发挥国之重器在推进中华民族伟大复兴中的重要作用。

第十二讲

三峡水库蓄水 20 年回顾与展望

（2023 年 10 月 19 日）

  三峡工程是国之重器，是保护和治理长江的关键性骨干工程，是当今世界上综合规模最大、功能最多的水利枢纽工程。1992 年 4 月，第七届全国人大五次会议审议通过《关于兴建长江三峡工程的决议》。1994 年 12 月，三峡工程正式开工建设，装机容量 2250 万 kW·h，控制流域面积约 100 万 km^2，岸线长 5711km，水域总面积 $1084km^2$，防洪库容 221.5 亿 m^3，搬迁库区城乡移民 129.64 万人。三峡工程自 2003 年下闸蓄水至今已 20 年，发挥了防洪、发电、航运、水资源利用、生态环境保护等巨大综合效益。

  2018 年 4 月 24 日，习近平总书记考察三峡工程时给予其"改革开放以来我国发展的重要标志。这是我国社会主义制度能够集中力量办大事优越性的典范，是中国人民富于智慧和创造性的典范，是中华民族日益走向繁荣强盛的典范"的高度评价。

一、三峡水库蓄水 20 年成效显著

  三峡水库成库运行，迄今 20 年，其间经历了围堰挡水发电期（2003 年蓄水至 135m 时起）、初期运行期（2006 年蓄水至 156m 时起）、175m 试验性蓄水期（2008 年至 2010 年蓄水至 175m 期间）和正常运

行期（2020年11月起）共四个阶段，根据竣工验收结论，工程质量满足规程规范和设计要求、总体优良，运行持续保持良好状态，防洪、发电、航运、水资源利用、生态环境保护等综合效益全面发挥，取得显著成效。

1. 枢纽工程与输变电工程运行安全，综合效益进一步拓展

20年来，枢纽工程、电站建筑物、通航建筑物、机电设备工作性态正常、高效运行，全面发挥了原定的防洪、航运、发电三大主要效益：通过削峰、错峰及防洪联合调度，累计拦洪运用51次，拦洪总量2005.16亿m^3，特别是经受住了入库流量超过70000m^3/s的巨大考验，确保了长江中下游荆江河段防洪安全，极大减轻了长江中下游地区的防洪压力，为区域经济社会发展和人民群众生产生活营造了安澜环境；极大提升了长江黄金水道航运能力，三峡船闸累计运行17.83万闸次，过闸货运量16.84亿t，从根本上改变了长江中下游航运条件，万吨级船队能直达重庆，在促进航运相关产业发展、降低航运成本、提高船舶航行和作业安全等方面发挥了巨大作用，成为服务沿江经济带发展的重要物流通道；有力支持了区域能源供应，累计发电15028.8亿kW·h，覆盖了长江经济带华中、华东和广东电网；水资源调度持续优化，为长江中下游供水提供了坚实保障，累计向下游补水2405d，补水总量超3100亿m^3，显著改善了长江中下游地区生产、生活和生态用水条件，有效缓和了沿江城镇枯水期用水紧张的局面，对缓解长江中下游旱情发挥了重要作用；单独或联合溪洛渡水库、向家坝水库共实施16次促进四大家鱼繁殖的生态调度，四大家鱼产卵量呈逐渐升高趋势；实施库尾减淤调度试验和沙峰调度实践，减淤和排沙效果显著；节能减排效益显著，累计发电量相当于节约标准煤4.60亿t，减少二氧化碳排放12.02亿t，是名副其实的"绿色引擎"，同时还具有旅游、养殖、促进区域经济发展等效益。

2. 三峡水库地质灾害防治综合体系逐步建立和完善

自 2003 年 6 月蓄水以来，三峡库区实施了"四位一体"和"四重网格"管理新模式，岸线地质灾害防治体系逐步完善，专业监测和群测群防相结合的监测预警工作发挥重要作用；工程治理与搬迁相结合，避险搬迁成效显著；开展重大地质灾害险情或灾情的应急调查和抢险处置，提升了应对突发性地质灾害能力，确保了库区群众居住安全和交通安全。由于监测预警及时、防范与应急处理措施得力，三峡库区连续 18 年实现地质灾害"零伤亡"，受影响群众的生产生活得到妥善安排，确保了库区受地质灾害影响区域移民群众生命财产安全，保障长江航运安全，库区社会稳定运行。

3. 三峡库区水质总体稳定，生态环境持续改善

20 年来，三峡库区干流水质总体保持在 II～III 类水平，主要污染物浓度稳中有降，库区化肥和农药面源污染程度总体呈下降趋势，尤其是单位耕地的化肥施用量和农药使用量均大幅度下降，工业废水及其主要污染物排放量总体呈大幅度下降趋势，船舶油污水产生量和处理量也逐年大幅度下降。陆生生态系统中，植被类型和覆盖度受影响较小，库区土地永续利用未受到影响；库区森林面积逐年增加，2021 年年底三峡库区森林覆盖率已达 59.33%，生态功能效益得到补偿。2019 年后三峡库区 6 个典型江段的长江鲟数量明显增加，胭脂鱼的栖息范围明显增大，数量显著增加，种群保持一定规模，消落带植被的种类无显著变化，退水后消落带植被覆盖度均在 50% 以上。

4. 库区经济社会快速发展，移民生活水平不断提高

20 年来，三峡库区经济实力显著增强，财政收入大幅度增长，库区产业结构持续优化，"自我造血"能力不断加强，抗风险能力稳步提升，经济发展呈现出强劲的韧性与活力。库区城镇化进程明显加快，一批小城镇迅速崛起，非农产业和人口向城镇集聚，城市功能和辐射能力大大增强。城乡居民持续增收，收入水平和生活水平实现新跨越。

2022年三峡库区生产总值达到12103.26亿元，是2010年3426.82亿元的3.53倍，年均增长12.16%；2021年三峡库区常住居民人均可支配收入33989元。其中，城镇常住居民人均可支配收入43039元，是2010年的2.79倍，年均增长9.78%；农村常住居民人均可支配收入18054元，是2010年的3.50倍，年均增长12.07%。2021年年末三峡库区城镇化率为64.02%，较2010年年末提高16.27个百分点，城乡面貌发生很大变化。库区交通、电力、邮政通信、广播电视网络等基础设施和学校、医疗、文化设施等公共服务设施得到进一步完善，特别是三峡后续工作规划实施以来，三峡库区基础设施和公共服务设施功能得到恢复和提升，移民生活条件和环境得到极大改善。

5. 长江中下游受影响区河势控制初见成效，生态环境影响基本可控，城乡供水和灌溉影响得到缓解

对宜枝河段（宜昌至枝城）、荆江河段等冲刷较为剧烈的387.61km重点河段进行崩岸治理，显著增强了河岸抗冲能力，避免了因崩岸险情引起的河势调整，有效保障了中下游重点河段堤防安全和河势稳定，减轻了当地防洪压力，中下游防洪安全得到保障。中下游宜昌至河口江段鱼类物种数量总体呈先降后升趋势，生态调度对下游鱼类特别是四大家鱼的自然繁殖有明显促进作用。通过重要湿地保护、水产种质资源保护和鱼类增殖放流等保护工程的实施，湿地植物生长范围明显扩大，植物覆盖度显著增加，野生动物栖息环境质量得到提升，生态自我修复能力加强，湿地生态系统完整性和生态平衡能力得到一定恢复，生态环境影响处于基本可控范围。

三峡后续工作实施新建和改扩建水厂126座，增加日供水能力200.95万m^3；实施灌溉闸、泵改造140处，改善灌溉面积491万亩（1亩=1/15hm^2），改善了重点影响区城乡供水及农田灌溉取水条件，提升了相应区域城乡供水水质和供水保证率，湖北、湖南、江西3省城乡供水及农田灌溉取水影响得到缓解，近700万人口受益。中下游受影响区城乡供水和灌溉影响得到缓解，供水水质和保证率有效提升。

二、面临的形势

1. 新发展阶段对三峡工程运行安全管理提出新要求

三峡工程是国之重器，全面建成三峡工程只是万里长征走完了第一步，做好三峡工程运行安全管理是更为长远、艰巨的任务。新发展阶段对三峡工程运行安全管理提出新的要求，为确保三峡工程长期安全运行和持续发挥综合效益，支持长江经济带高质量发展，需要全面提升标准，深入研究做好"大时空、大系统、大担当、大安全"文章。一是要充分考虑长江流域洪水发生的"大时空"特性，充分发挥处于控制性地位的三峡工程的防洪功能。二是要将三峡工程置于全流域水利工程体系的"大系统"中，针对不同类型洪水过程，进行系统联合调度。三是要超前精准研判全流域水情，让三峡工程在流域防洪和水资源保障的最关键时刻成为"大担当"者。四是要强化"大安全"意识和底线思维，超前分析研判并有效防范化解各类风险隐患，确保三峡工程枢纽建筑物安全、信息系统安全、库容安全、地质安全、水质安全、防洪安全、航运安全、供水安全、河道安全和生态安全。

2. 三峡水库运行条件更趋复杂

目前，三峡水库的运行条件较初设时期已有所变化，且变化趋势更为复杂。

一是库区及长江中下游经济社会高速发展，与三峡水库关系日益密切。近年随着三峡库区城镇化加速推进，城镇规模成倍增长，利用的岸线不断延长，两岸人群居住环境、社会经济活动与水库运行过程的关系越来越密切。库区城镇对流域各水库运行水位变化敏感性增强，也使得各个水库库周临水环境越来越复杂。

二是长江上游水库群陆续建成运行，据初步估算，到2030年长江上游地区投入运用的控制性水库总库容将超过 2640 亿 m³，防洪库容约 630 亿 m³，上游水库群对洪水、径流形成的巨大时空调节作用，使得洪水过程形态发生显著改变。受上游水库拦蓄及水土保持效益等因素影响，各支流来沙量大幅度减少，同时三峡水库蓄水以来采取的减淤调度措施有效缓解了库区局部河段的淤积，长江流域水沙特性发生变化，三峡水库入库沙量也明显减少。

三是极端气候影响常态化。长江 2020 年第 5 号洪水期间，重庆寸滩水文站最高水位 191.62m，突破 1981 年历史极值洪水位，三峡水库入库流量达到建库以来最大流量 75000m³/s。2022 年，长江流域出现罕见大旱，为保障防洪、航运和发电功能，同时兼顾向中下游补水，三峡水库承受巨大运行压力。极端气候频发使三峡水库运行安全面临更复杂的不确定性。

3. 三峡水库运行影响

随着三峡水库长时间周期性运行，部分累积性影响开始显现。如受库水位周期性涨落影响，库区特别是峡谷段岩体发生损伤劣化，库区消落区土壤受到高强度侵蚀；水库蓄水后仍有一个较长时间的库岸再造过程，蓄水诱发的地质灾害并未结束，因地质灾害具有隐蔽性、突发性等显著特征，对其防治将是一项长期而艰巨的任务；三峡库区大部分支流回水区水质不容乐观，水库运行改变水动力条件叠加库周面源污染因素导致重要支流出现水华现象；三峡水库来沙量减少导致中下游河道冲淤形势发生改变，局部河段（特别是沙质河床河段）的河势调整比较剧烈，冲刷带来的河势变化、崩岸、枯水位下降、江湖关系变化等影响在长江中游河段较为突出。以上显现的累积性影响，需要加强研究和监测，进一步优化三峡水库调度措施和综合防治措施，确保三峡水库运行安全。

4. 移民安稳致富任务仍需加力

虽然三峡库区及移民安置区城镇移民小区综合帮扶和农村移民安

置区精准帮扶成效显著，移民生活水平逐年提高，收入增速较同期库区城镇居民要快，但2021年三峡库区移民人均可支配收入相比湖北省、重庆市同期城镇居民平均收入水平总体尚存在差距。

5. 运用新技术建设数字孪生工程是必经之路

三峡水库蓄水及工程运行安全管理影响涉及全流域，为进一步发挥三峡工程的综合效益，提高三峡工程运行安全管理的科学性和智能化程度，有必要运用云计算、大数据、人工智能、物联网等新一代信息技术，推进数字孪生三峡建设，实现数字化场景、智慧化模拟、精准化决策，提升三峡库区水资源、水生态、水环境、水灾害及水域岸线等综合管理智慧化水平。

三、努力使三峡工程成为全球水工程管理运行的典范

1. 坚持并持续优化三峡工程安全运行综合监测工作

一是坚持并优化三峡工程安全运行综合监测系统，持续开展三峡枢纽工程运行、水文水资源、水生态、水环境、水土保持、地质、地震、库容、高切坡、库岸稳定、长江中下游河道河势状况、库区经济社会发展等动态监测。

二是持续跟踪关注累积性影响的变化演进，补充开展中下游供水和灌溉受影响监测，加强水生生物多样性、湖泊湿地生态系统、江湖关系变化影响等监测，为降低水安全风险、缓解累积性影响提出系统应对措施。

三是加强安全监测工作与数字孪生三峡工程的有效衔接，加快建设数字孪生三峡，增强三峡工程运行管理综合效能。

2. 进一步拓展三峡工程综合效益

一是对标《中华人民共和国长江保护法》中建立常规生态调度机制有关要求，在已有的水资源调度及生态调度试验的基础上，持续开

展研究和实践，丰富细化调度规程中三峡水库生态应用的相关内容；推进精细调度，进一步发挥发电效益和水资源效益。

二是进一步优化水库群联合调度管理，持续统筹推进各地区、各部门和各单位水情、工情与调度等信息共享，加强水文气象联合会商研判，按照循序渐进的原则扩大联合调度范围，推动《长江流域控制性水工程联合调度管理办法（试行）》落地见效，推进信息技术与水利业务深度融合，加快数字孪生流域建设，不断优化水工程联合调度方案，提高水工程调度智能化决策水平。

三是充分发挥三峡工程作为国家水网的关键性节点工程、三峡库区作为长江流域生态屏障、三峡水库作为国家淡水资源战略储备库的重大作用，进一步发挥并用好三峡工程的综合效益，推动库区经济社会发展，促进移民安稳致富落地落实，让三峡工程更好地服务于长江经济带发展。

3. 进一步加强三峡工程管理制度规范建设

三峡水库已转入正常运行期，根据三峡工程面临的新目标新任务，统筹兼顾三峡工程运行涉及的防洪减淤、电力输出、船闸通行、岸坡稳定、消落区保护、下游补水、生态调度等各项需求，推进建立责权明确的三峡工程运行管理体系和工作机制，研究制定和完善三峡工程运行管理法规，促进依法规范管理。

4. 加强科学研究，重点解决新问题

按照"共抓大保护、不搞大开发"的总体要求，进一步加强三峡库区和长江中下游影响区相关重大问题的研究。重点针对三峡库区部分支流富营养化和系统治理、有利于长期保持三峡有效库容的水沙调控、强化移民安稳致富和促进库区经济社会发展关键技术、三峡工程运行后长江中下游河道冲刷及江湖关系、鱼类生长繁殖和水生生物多样性保护、湖泊湿地生态系统修复与保护、长江中下游重点河段水生态水环境调度需求和调度方式、中下游重大调蓄工程建设等重大问题，开展深入分析和研究，提出应对措施，及时促进相关成果转化和推广应用，提升科学管理能力和水平，促进库区高质量发展。

5. 促进三峡库区和中下游影响区高质量发展

按照生态优先、绿色发展的总体要求，立足三峡工程的极端重要性和三峡库区的特殊性，确保三峡工程长期安全运行和综合效益的持续发挥，保护好国家重要淡水资源库，促进三峡移民安稳致富，妥善并系统处理好对长江中下游的不利影响，加快对三峡库区和长江中下游影响区高质量发展长效扶持机制的研究和相关政策的明确落实。

6. 加快建设三峡水运新通道

2003年6月试通航以来，三峡船闸已连续安全高效运行20年。截至2022年年底，累计过闸货运量达18.4亿t。其中，2011年过闸货运量首次突破1亿t，提前19年达到船闸设计水平年2030年的规划货运量；2021年、2022年连续两年刷新历史纪录，2022年达1.56亿t，首次突破1.5亿t。鉴于长江水运需求的持续增长趋势，抓紧开展三峡水运新通道可行性研究、前置要件办理和重大问题研究，加快推进三峡水运新通道建设，保障三峡工程长期安全运行，持续发挥长江黄金水道作用。

第十三讲

三峡工作高质量发展的八个问题

(2024年3月28日)

问题是时代的呼声。

马克思在《就集权问题论德国和法国》中说:"一个时代的迫切问题,有着和任何在内容上有根据的因而也是合理的问题共同的命运:主要的困难不是答案,而是问题。因此,真正的批判要分析的不是答案,而是问题。世界史本身,除了用新问题来回答和解决老问题之外,没有别的方法。问题是公开的、无所顾忌的、支配一切个人的时代之声。问题是时代的格言,是表现时代自己内心状态的最实际的呼声。"

习近平总书记在《问题就是时代的口号》指出:"只有立足于时代去解决特定的时代问题,才能推动这个时代的社会进步;只有立足于时代去倾听这些特定的时代声音,才能吹响促进社会和谐的时代号角。"

马克思这番话和习近平总书记讲话是历史辩证法和自然辩证法的高度凝练,用来认识和理解长江治理问题、三峡工程问题完全适用。

用新的问题来回答和解决老问题,提出新问题是在老问题的基础上的深入,而不是对老问题的回归和重复。但解决老问题又会带来新问题,不是终结问题,消灭问题。

用新的问题来回答和解决老问题,至少包括以下六层含义:一是问题是普遍、永恒存在的;二是人类进步的历史就是解决问题的历史;

三是主要的困难不是答案,而是问题;四是解决老问题会带来新问题,不是终结问题,消灭问题;五是新问题在老问题的基础上的深入,而不是对老问题的回归和重复;六是解决问题的路径是用新的问题来回答和解决老问题。

三峡工程在过去100年中一直争议不断,各界提出了无数的问题,可以说三峡工程论证、勘察设计、建设和运行100年的过程就是不断解决问题的过程。

过去100年,我们围绕长江防洪和三峡工程建设这个大问题解决的主要问题有:

一是大型水利工程勘察、设计、施工技术:高土石围堰施工、混凝土高强度施工、高边坡开挖加固、耐久性水泥研发等。

二是大规模移民搬迁安置。

三是地质灾害处理和监测预警。

四是大型发电机组设计、制造、安装。

五是大型船闸设计、建造。

六是大型升船机设计、建造。

七是高压输变电技术。

八是大型工程对生态环境影响监测评估。

九是泥沙监测、预测与调控。

十是中华鲟人工繁殖。

上述这些问题的解决,凝聚了几代人的心血,花费了难以计算的物力、财力。

几代人的努力,建设了一流的工程,现在接力棒传到我们手中,我们要直面时代课题,深思力行,把管理运行工作做好,最大程度发挥工程综合效益,使三峡工程成为全球水工程管理运行的典范。

三峡工程是世界上最大的水利水电工程,放大效应使其有利和不利的方面都被放大,研究解决好三峡问题对推动三峡乃至水利工作高质量发展都具有重大意义。

三峡工程问题具有如下特点：一是表现明显，三峡工程经过19年的运行，其主要影响已经表现出来；二是数据全面，按照三峡工程论证的要求，国家建设了全球最大的三峡工程监测系统，从1996年开始运行，至今已连续运行26年，积累了海量数据；三是影响广泛深远，三峡工程对长江流域有重大影响，因此三峡问题的解决也将产生深远影响；四是处在科技前沿，三峡工程的一些重大问题都是当前水利科技的前沿问题；五是原理性问题和应用性问题相交织，三峡工程问题的解决需要对一些原理性问题进行研究；六是示范性强，如果三峡重大问题取得突破，将会极大提高我国水科学研究水平，产生巨大的示范效应。

下面我们对三峡工程面临的新的问题做简单分析。

一、三峡工程安全运行和智慧三峡工程建设问题

总结三峡工程19年的运行管理经验，我们提出现代水工程管理新的理念和原则，我们把它概括为十二个字——"风险管控、精细调度、永续利用"。

（1）风险管控。

要全面分析评价水工程运行的常规风险和非常规风险。常规风险主要是水工程自身安全和水生态环境损害；非常规风险主要是极端条件、人为失误、恐怖活动、工程老化、运行方式改变及移民等因素造成的公共安全损害。要采取工程措施和非工程措施，确保工程本体安全，减小生态环境损害和公共安全损失。

（2）精细调度。

调度是实现水工程功能的基本手段，调度同样还是保证水工程运行安全、拓展水工程功能和效益的手段。调度得当，甚至还能延长水

工程的使用寿命。精细调度的含义是以水文、生态环境这两项预测预报为基础，一年四季精心组织并实施调度。精细调度要求把防洪、发电、航运、调沙、中下游补水、梯级联合、生态等多种调度结合起来，一年四季精心安排。

（3）永续利用。

水工程寿命问题是一个值得思考的问题。四川都江堰、广西灵渠运行了2000多年，依然表现优异。关于混凝土寿命，中国工程院院士陆佑楣说，从第一锹混凝土到现在，没有听说过突然崩坏的问题。这就是说混凝土寿命仍然是一个未知数。基于这样的理由，我们认为水工程的永续利用是一个可以研究也应该研究的问题，一个好的水工程应与自然融为一体，成为自然的一部分，永续利用。

"风险管控、精细调度、永续利用"的基本理念要求深化八个方面的认识。

一是深化对水工程安全管理的认识，树立生态安全观、系统安全观、流域安全观、整体安全观。

二是深化对水旱灾害的认识，对洪灾旱灾进行分级管理。

三是深化对水资源的认识，充分发挥水资源在解决"四水"问题中的基础性作用。

四是深化水工程对水生态影响的认识，采取措施减轻工程对生态的损害。

五是深化对水生态系统复杂性的认识，用生态的方法修复水生态。

六是深化对调度工作的认识，推进精细调度。

七是深化对水工程使用寿命问题的认识，树立"永续利用"的观念。

八是深化对改革发展紧迫性的认识，推进水利工作管理体制、机制改革。

要按照水利部李国英部长关于三峡工作的讲话精神，推进孪生大坝和孪生水库建设，加快建设智慧三峡，进一步提高三峡工程运行管理水平。

三峡枢纽运行安全目前存在五个方面的隐患或者说是薄弱环节：一是大型发电机组长期稳定运行；二是船闸升船机长期稳定运行；三是危险品过闸；四是三峡副坝安全；五是网络安全。要继续提升大坝安全在线监测、机电设备设施安全在线监测水平，开展机电设备设施快速检修、危险品过闸保障、网络安全保障等技术攻关，确保安全管理万无一失。

二、三峡水库及上下游水工程联合调度问题

三峡水库及上下游水工程联合调度问题是长江防洪这个老问题的深入，而不是简单对老问题的回归和重复。

水库群联合调度管理是指根据不同水库特性，在实现水库群调度目标的前提下，拟定相互配合、总效益最佳的统一调度方式。

水库群联合调度应考虑不同水库间的水力联系，结合水库特点及实际调度需求，每年编制汛期、蓄水期、消落期联合调度方案，通过科学调度，发挥各水库优势，增加水库群调节能力和调度灵活性，实现综合效益最大化。

自 2007 年汛期发布三峡水库第一张调度令至今，长江流域逐步发展和实践了以三峡水库为核心，干支流控制性水库群、蓄滞洪区、河道洲滩民垸、排涝泵站等水工程的联合防洪调度。在开展大量调度专题研究并取得丰硕成果的基础上，2012 年开始，长江水利委员会组织编制了年度长江流域水工程联合调度运用方案（见图 1）。随着研究的深入和水工程建设的推进，纳入联合调度的水工程范围逐年扩展，并结合实际洪水的调度经验，不断修订并细化工程联合调度运用方式、拓展水工程调度目标，从单一防洪为主到在确保防洪安全的前提下统筹考虑生态、发电、航运等多目标调度需求，使调度方案日趋完善。

第十三讲 三峡工作高质量发展的八个问题

自 2012 年起到 2018 年，纳入联合调度的水库数量由最初的 10 座，逐步扩展到 2013 年 17 座、2014—2016 年 21 座、2017 年 28 座、2018 年 40 座，2019 年首次将调度对象扩展至水库、泵站、涵闸、引调水工程、蓄滞洪区，数量达到 100 座，范围由长江上游逐步扩展至长江上中游至全流域。

至 2020 年，长江上游水库群已基本形成 1 个核心三峡水库、3 个骨干乌东德、溪洛渡和向家坝水库、5 个群组金沙江中游群、雅砻江群、岷江群、嘉陵江群、乌江群的防洪布局，防洪库容合计约 $387 \times 10^8 \mathrm{m}^3$。长江中游清江、洞庭湖水系、鄱阳湖水系、汉江等形成了 4 个中游水库群组，防洪库容 $209 \times 10^8 \mathrm{m}^3$，共同组成长江上中游防洪调度水库群。

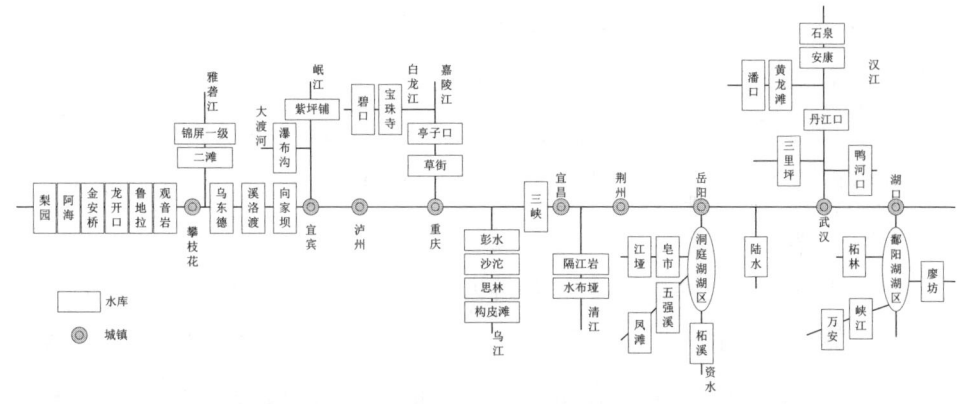

图 1 纳入 2020 年长江流域水工程联合调度运用计划的水库群

三、三峡工程泥沙问题

泥沙问题仍然是河流科学研究的牛鼻子问题。现在对长江泥沙问题总的判断是：三峡水库的泥沙淤积好于预期，中下游泥沙冲刷大于预期。这种情况有利有弊，有利于三峡水库使用寿命、两湖冲淤走沙和扩大长江及支流河道蓄水容量，这三个方面都大大有利于长江中下游防洪。但中下游泥沙冲刷也会引起一系列连锁反应，导致一些问题：

河床下切，堤岸崩塌，枯水位下降；江湖关系改变，洞庭湖三口分水分沙减少，两湖湖水下泄加快，枯水期延长，两湖地区人民用水紧张等。

三峡水库泥沙淤积明显减轻。且绝大部分泥沙淤积在水库145m以下的死库容内，水库有效库容损失目前还较小；涪陵以上的变动回水区总体冲刷，重点淤沙河段淤积强度大为减轻；坝前泥沙淤积未对发电取水造成影响。

重庆主城区河段2008年9月—2019年12月累计冲刷$2267.6×10^4m^3$，并未出现论证时担忧的泥沙严重淤积的局面，也未出现砾卵石的累积性淤积。

三峡水库2003年6月—2019年12月淤积泥沙$1.833×10^9t$，近似年均淤积泥沙$1.099×10^8t$，仅为论证阶段（数学模型采用1961—1970系列年预测成果）的33%，水库排沙比为23.8%，水库淤积主要集中在常年回水区。从淤积部位来看，库区干、支流92.8%的泥沙淤积在145m高程以下，淤积在145～175m之间的泥沙为$1.291×10^8m^3$，占淤积量的7.2%，占水库静防洪库容的0.58%，且主要集中在奉节至大坝库段。

长江中游河道冲刷强度有所增大。三峡蓄水运用以来，两坝间河床总体处于冲刷状态；长江中游河道蓄水前河床冲淤相对平衡的态势有所改变，河床冲刷强度有所增大（以枯水河槽冲刷为主），且逐渐向下游和河口发展，河床以纵向冲刷为主，河势总体上尚未发生明显变化。

2002年10月—2019年10月，宜昌至湖口河段平滩河槽冲刷$2.559×10^9m^3$，年均冲刷量$1.466×10^8m^3$。其中宜昌至城陵矶段河道冲刷强度最大，其冲刷量（$1.358×10^9m^3$）占总冲刷量的53%，城陵矶至汉口（$5.035×10^8m^3$）、汉口至湖口（6.974亿m^3）河段冲刷量分别占总冲刷量的20%、27%。三峡工程运行17年来，宜昌至汉口河段年均冲刷量与原预测值接近，武汉以下河段冲刷向下游发展的速度比预测要快一些，主要是由于三峡入、出库沙量比原预测值显著减少，加之受河道采砂的影响等，导致坝下游冲刷发展较快。

三峡工程蓄水运用后，长江中下游河道河型没有发生变化，河势总体稳定，局部河势仍在原基础上继续调整，如沙市河段太平口心滩、三八滩和金城洲段等，下荆江调关弯道段、熊家洲弯道段主流摆动导致出现了切滩撇弯现象。

三峡水库蓄水运用以来，宜枝河段河床冲刷强烈，且以纵向冲刷下切为主，床沙粗化明显。2002年9月—2019年10月，宜枝河段平滩河槽累计冲刷 $1.664 \times 10^8 m^3$，年均冲刷量为 $0.098 \times 10^8 m^3$。深泓纵剖面平均冲刷下切4.0m，深泓最大冲深24.2m（外河坝的枝2断面）。

2002年10月—2019年10月，荆江河段平滩河槽累计冲刷 $11.916 \times 10^8 m^3$，年均冲刷量为 $0.701 \times 10^8 m^3$，远大于三峡蓄水前（1975—2002年）年均冲刷量（$0.11 \times 10^8 m^3$）。荆江纵向深泓以冲刷为主，平均冲刷深度为2.94m，最大冲刷深度为16.2m，位于调关河段的荆120断面，其次为文夹村附近的荆56断面，冲刷深度为14.4m。

2001年10月—2019年10月，城汉河段总体表现为冲刷，其平滩河槽冲刷量为 $5.035 \times 10^8 m^3$，年均冲刷量为 $0.280 \times 10^8 m^3$。深泓纵剖面总体冲刷，深泓平均冲深为1.99m。

2001年10月—2019年10月，汉口至湖口河段河床年际间有冲有淤，平滩河槽总冲刷量为 $6.975 \times 10^8 m^3$，年均冲刷量为 $0.388 \times 10^8 m^3/a$。河段深泓纵剖面有冲有淤，除田家镇河段深泓平均淤积抬高外，其他各河段均以冲刷下切为主，全河段深泓平均冲深3.15m。

湖口至大通河段年际间河床总体表现为冲刷，2003—2012年河道冲刷量为 $1.269 \times 10^8 m^3$，年均冲刷量为 $0.141 \times 10^8 m^3$；2012—2016年，河道冲刷量为 $0.927 \times 10^8 m^3$，年均冲刷量为 $0.232 \times 10^8 m^3$。2012—2016年河道年均冲刷大于2003—2012年。

大通至南京河段年际间河床有冲有淤，总体表现为由淤变冲，2003—2012年河道淤积量为$0.926×10^8m^3$，年均淤积$0.103×10^8m^3$；2012—2016年，河道冲刷量为$1.658×10^8m^3$，年均冲刷量为$0.414×10^8m^3$。

南京至三江口河段年际间河床总体表现为冲刷，2006年—2012年河道冲刷量为$0.278×10^8m^3$，年均冲刷量为$0.04×10^8m^3$；2012年—2018年，河道淤积$0.178×10^8m^3$，年均淤积$0.030×10^8m^3$。

三江口至徐六泾河段年际间河床总体表现为冲刷，2006—2012年河道冲刷量为$5.166×10^8m^3$，年均冲刷量为$0.861×10^8m^3$。2012—2018年河道冲刷量为$5.132×10^8m^3$，年均冲刷量为$0.855×10^8m^3$。（来源：三峡后续项目《长江中下游冲刷条件下沿江重大涉水工程叠加影响与对策报告》）

徐六泾以下长江口南支河段至口外10m等深线，2002—2007年长江口南支河段冲刷，冲刷量为$0.25×10^8m^3$；南港和口外淤积，分别淤积$0.14×10^8m^3$和$2.95×10^8m^3$；2007—2009年南支河段继续冲刷，冲刷量为$0.39×10^8m^3$；南港河段和口外区域由淤积转为冲刷，冲刷量分别为$0.42×10^8m^3$和$1.48×10^8m^3$；2009—2019年，南支河段冲刷量为$1.24×10^8m^3$，南港河段冲刷量为$1.09×10^8m^3$，口外冲刷量为$5.31×10^8m^3$。2002—2019年长江口南支0m等深线至口外-10m等深线河段净冲刷量为$9.81×10^8m^3$。（来源国家重点研发项目《长江口水沙变化与重大工程安全》研究报告）

三峡工程运用后的2003—2019年，长江中下游河道枯水期同流量下水位有不同程度的降低。与2003年相比，2019年汛后宜昌、枝城、沙市、螺山、汉口站分别下降了0.72m（6000m³/s）、0.58m（7000m³/s）、2.80m（7000m³/s）、1.78m（10000m³/s）、1.56m（10000m³/s），大通站则没有发生明显的变化（见图2）。

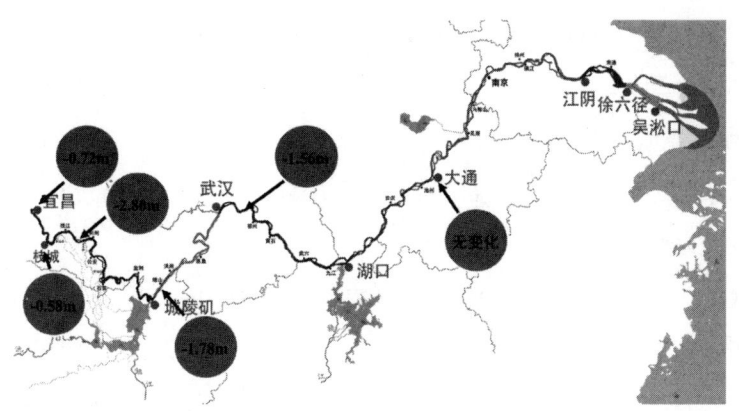

图 2 三峡工程运行后 2003—2019 年长江中下游河道水位变化图

要持续开展长江泥沙问题监测与研究，提高预测准确性。长江泥沙的边界条件与三峡工程论证时期相比，发生了根本性变化，要继续研究新的水沙条件下长江及江湖关系的变化趋势，提高模型研究的可靠性，要对未来 50 年、100 年作出相对准确的预测，避免治江策略选择发生重大失误。同时要把泥沙科学研究的边界拓展到河流形态学、河流生态学领域。当下河流泥沙最迫在眉睫的问题是：一是河流泥沙与河流形态的关系；二是河流形态与河流生物的关系；三是河流泥沙与河流营养及生物的关系。

四、三峡水库和中下游水生态保护与修复问题

建设水利工程需要关注的 9 个水生态问题。为能把水生态问题说得更清楚，我们从工程分类和影响区域来界定这些问题。水利工程对水生态的影响除我们原来研究得比较深入的土地淹没及移民、诱发地质灾害外，还需要关注以下九个问题：

（1）河流变湖库，生境变化导致生物物种变化。

三峡水利工程完建后，约 600km 长江干流变成水库，水文条件明显改变，不再适合常年生活在其中的流水型鱼类，尤其是长江上游特有鱼类的栖息，鱼类组成会出现明显更替。长江水产研究所段辛斌等

和华中农业大学水产学院吴强等分别调查了蓄水前（1997—2000年）和蓄水后（2005—2006年）三峡库区的鱼类资源情况，发现蓄水前后圆口铜鱼等流水型鱼类资源显著下降。上海市环境科学研究院曹勇等对三峡二期蓄水前后鱼类群落结构进行分析，也发现蓄水过程中鱼类群落发生明显替换。

（2）水库水流流速变缓，水体自净能力降低，导致富营养化及藻类水华。

据长江水利委员会组织的三峡库区支流富营养化及水华情况监测，2012年16条较大支流均为中营养程度，2013年5条进入富营养阶段，2014年富营养化的支流增加到11条。2012年春季，16条支流水华暴发概率达到81%，明显高于2009年春季的38%，2010年和2011年的50%，2013—2015年水华暴发概率出现回落，分别为75%、63%、43.7%，但仍处于比较高的水平。

（3）清水下泄，冲刷下游河道导致局部河道河势变化较大。

泥沙在水库淤积，会影响水库使用寿命，但总体我们认为，虽短期内会导致崩岸塌岸问题的发生，但从长远看，清水下泄可以冲深河床，对防洪有利。

（4）温滞效应。

由于水库蓄水的影响，会使坝下游水温升高，水温下降过程滞后，叫温滞，温滞对水生态的影响叫温滞效应。通过比较三峡水库试验性蓄水前后坝下江段的水温度变化发现，同期水温偏高2～4℃，平均升高2.9℃；水温下降过程滞后，平均推迟约20～36d。温滞改变了下游鱼类繁殖和生存条件。中国科学院水生物所和水利部水工程生态所的研究表明，中华鲟和四大家鱼繁殖对水温过程滞后有明显响应。

（5）水文过程改变。

水库蓄水导致大坝下游的水文过程改变，水的流量、流速、流态发生时空变化。在北方，水文过程改变最严重的情况是河流断流。

第十三讲 三峡工作高质量发展的八个问题

（6）裁弯取直。

这个问题在中小型水利工程、在农田水利工程中比较普遍。农村土地整理，土地整得方方正正，有利于耕种和机械化，河道因而也被整治得横平竖直。这一问题在大江大河治理中也屡见不鲜，航道治理工程为通航方便，裁弯去滩的也有一些。

（7）河岸衬砌和硬化。

1993年和1995年，莱茵河先后发生两次洪灾，洪水淹了一些城镇，造成了几十亿欧元的损失。分析洪灾原因，主要是莱茵河的水泥堤岸限制了水向沿河堤岸的渗透。因此，德国进行了河道及沿线岸边回归自然的改造，将水泥堤岸改为自然属性的生态河堤，重新恢复河流两岸储水湿润带，并对水域内支流实施弯曲化改造，延长洪水在支流的停留时间，降低主河道洪峰流量。这样的问题即使是到现在也没有引起我们足够的重视，混凝土在河道治理工程中仍在大量使用。

（8）阻隔河湖。

阻隔河湖主要有两种形式：一种是修坝建闸，完全或部分时段隔绝河流与湖泊的联通；一种采用拦网、栏栅或者电网，阻隔河流生物通道。

在长江流域，目前仅鄱阳湖、洞庭湖和石臼湖三个湖泊与长江自由相通，这些湖泊对保护长江水系生物多样性有重要作用。20世纪50年代开始，大规模的围湖造田活动，湖泊面积减小，此外，湖泊和长江之间修建了许多控制闸，造成江湖阻隔，使得江湖复合生态系统的连通性不复存在，湖泊中鱼类物种减少，江湖洄游鱼类消失，生态系统结构发生变化。加之滥捕、乱扔垃圾等人类活动的影响，长江泛滥平原湖泊鱼类资源现状已不容乐观。2005年中国科学院水生物研究所博士研究生王利民等对湖北省武汉市涨渡湖调查发现，江湖阻隔后，鱼类多样性下降，群落结构向单一化方向发展，洄游性和流水性鱼类比重由20世纪50年代的50%下降到现在的30%。第二类阻隔多为渔业生产。在三峡库区，监测发现通过拦网和电网阻隔支流和干流的有13处。

（9）填湖造地。

近些年来，特别是1998年特大洪水后，填湖造田的问题得到了遏制，但由于巨大的经济利益驱使，填湖造楼、填湖建工业区的事情仍时有发生。据中国经营报报道，自20世纪80年代以来，武汉一地的湖泊面积减少了34万亩，填湖后的主要用途为房地产项目开发。武汉大学环境法研究所主任王树义认为，刹不住填湖之风的原因首先是利益驱动，其次是违法的成本太低。

这些问题都要采取有针对性措施解决。

五、三峡水库消落区利用和保护问题

三峡水库消落区的合理利用和保护任重道远。2017年，我们组织了消落区的全面调查。

三峡水库消落区面积和岸线长度大幅减少。《三峡后续工作规划》（国函〔2011〕69号）中，规划基准年（2008年）的消落区总面积为302 km^2（水平投影面积、下同），岸线总长度为5711 km（消落区上边线、下同）。2008年试验性蓄水时，消落区面积为292.39 km^2，岸线长度为5541.36 km。2017年6月，消落区面积为284.65 km^2，岸线长度为5425.93 km。2017年与规划时相比，消落区面积减少17.85 km^2，岸线长度减少285.07 km。近年来这一趋势并没有得到遏制。

消落区内植物以草本植物为主，种类有所减少。2017年6月，消落区植被覆盖面积为220.51 km^2，占消落区总面积的77.47%，植被覆盖度以40%~60%为主。消落区内植物以草本植物为主，其中一年生草本32种，多年生草本18种，主要植物种类有狗牙根、牛鞭草、苍耳、狗尾草、艾蒿、鬼针草、稗等。三峡水库蓄水前，消落区为陆地生态系统。蓄水后，消落区演变为季节性湿地生态系统，植物种类有所减少，植物群落以草本植物为主，灌木以及藤本的比例较低，未见乔木生长。消落区自然恢复的草本植物生长良好，覆盖度高，生态系统逐渐朝正向演替，由裸露的河滩地向耐淹的草甸生态系统演变，植物群落结构趋于稳定。人工种植草本植物，在植物群落、覆盖度、生长方面，与自然恢复情况没有显著性差异。人工修复的乔木在165m以下长势较差，但随着高程升高长势逐渐变好。因此，应遵循消落区演变规律，减少对植被恢复的人工干预，使消落区植被生态系统自然恢复并逐步达到稳定状态。

六、长江鱼类资源保护和生态调度问题

生态调度没有统一的定义。从目前国内的实践看，大致有两种调度模式被冠以生态调度之名。一是中国长江三峡集团有限公司开展以促进四大家鱼和中华鲟产卵为目的的调度。二是水利部在福建召开的生态调度试点会，以保证水库下游生态基流为目标的调度。我们认为，这两种调度可称为狭义的生态调度。此外珠江水利委员会组织了压咸补淡调度、黄河水利委员会组织过调水调沙调度。这些调度也应算作单目标的生态调度。

中国三峡集团有限公司原总经理、国务院三峡建设委员会办公室原副主任、水利专家陈飞对生态调度进行了长期深入的思考，在多篇讲话和文章中阐述了其观点，现在简要介绍如下：要通过管理运行好三峡工程，切实保护好长江，确保长江不老。工作思路可概括为"四个方面"。一是三峡工程运行要贯穿生态调度这一条主线；二是生态调度要以水文、生态环境这两项预测预报为基础；三是生态调度要贯穿于防洪、发电和航运三项重点任务之中；四是一年四季都要精心组织实施生态调度。陈飞同志的观点可以称之为广义的生态调度。

不管生态调度定义如何，从现在的实践看成效显著。以中国长江三峡集团有限公司组织的促进四大家鱼产卵调度为例，水利部中国科学院水工程生态所的报告称：2011—2018 年，三峡水库每年 5—6 月实施促进四大家鱼自然繁殖的生态调度试验，共实施 12 次调度，其中 2012 年、2015 年、2017 年、2018 年调度 2 次，其他年份调度 1 次。长江宜昌江段持续涨水时间 3～9d，流量日均涨幅 1080～3180 m^3/s，水位日涨幅为 0.43～1.3m，水温在 20～24℃之间。监测结果表明，除 2016 年外，其他年份四大家鱼对生态调度形成的人造洪峰有积极的响应。估算各年份的生态调度期间四大家鱼累计产卵量 $8.08×10^8$ 粒，占监测期间累计产卵量（$2.114×10^9$ 粒）的 38.2%。

生态调度目前在国内外开展的时间不长，理论和实践基础都很薄弱，在建设生态文明的新时代，要组织多学科的力量开展联合攻关，完善理念，丰富实践，进而制定重要河流生态调度的目标、标准、规程，实施生态调度，促进重要河流的生态保护与修复。

七、三峡移民工作高质量发展问题

三峡移民工作取得了举世瞩目的成就，但随着社会发展也暴露出一些新情况、新问题。

三峡移民虽然相较于后来实施的水利工程，投资要少得多，但加上后续工作、对口支援，投资也不少了。我担心后续工作完成后，移民稳定与发展仍存在问题。

要认真思考水利工程移民非自愿移民的特点。水利工程非自愿移民有被动性、时限性、发展能力弱、地处偏远等特点，这些特点决定移民工作的长期性。

要认真思考市场经济条件下的移民政策。我们移民工作的基本政策："前期补偿、后期扶持""三原"原则等，是在计划经济条件下制定的，急需调整。

要认真思考出省外迁移民政策。出省外迁安置政策的出发点和总体效果是好的，但部分适应能力较弱的移民融入当地存在困难，给外迁移民稳定带来长期影响。而且跨省外迁移民人数少、安置政策不尽相同，给地方工作增加了难度。这一政策要适时做出调整。

要认真思考信息化条件下移民稳定问题。信息化给沟通带来便利，但给移民稳定带来挑战。一段时间以来，多地发生移民通过手机等通信工具组织上访的情况，要研究现代通讯条件下的移民稳定工作和群众工作的方法。

要认真思考移民帮扶的实现路径和有效性。移民帮扶工作百花齐放、百花争艳，但也有个别地方存在长期上访的问题。部分移民贫困问题是社会问题，要研究后期扶持政策结束后与其他政策的衔接问题，要制定帮助贫困移民的兜底政策。

八、三峡水运新通道问题

国家高度重视三峡水利枢纽的通过能力问题，按照工作部署，原国务院三峡建设委员会办公室于2013年组织有关单位，启动了三峡水运新通道前期研究工作。

2014年11月，长江设计院完成了《三峡枢纽水运新通道和葛洲坝船闸扩能前期研究报告》。2016年1月，长江设计院完成了《三峡水运新通道预可行性研究报告》。

为做好编制可行性研究报告的技术准备，2016年5月，原国务院三峡建设委员会办公室继续组织开展了三峡水运新通道可行性研究阶段前期重大专题研究。2017年9月，长江设计院完成了船闸尺度、线路方案、环境影响、移民安置等专题研究报告。

在上述研究成果的基础上，2017年12月，原国务院三峡建设委员会办公室组织编制完成了《三峡水利枢纽水运新通道和葛洲坝水利枢纽航运扩能工程项目建议书》（以下简称《项目建议书》）。国家发展改革委委托中国国际工程咨询公司对《项目建议书》进行了评估，并分别征求了交通运输部、环境保护部、农业部的意见。根据专家组评估和国务院相关部门的意见，长江设计院对《项目建议书》进行了补充和完善。2018年5月，水利部向国家发展改革委报送了《项目建议书》。

按国家发展改革委要求，结合交通运输部、生态环境部、自然资源部、农业农村部、中国地震局、重庆市人民政府、湖北省人民政府、中国铁路总公司、中国长江三峡集团有限公司等对《项目建议书》的反馈意见，2018年9月，水利部组织对《项目建议书》进行了进一步的修改完善，并再次报送国家发展改革委。

为推进三峡水运新通道和葛洲坝航运扩能工程前期研究工作，保证可行性研究的进度和质量，2019年，水利部继续组织开展三峡水运新通道和葛洲坝航运扩能工程重点区域地质勘察和重要水力学试验研究工作。2020年8月，长江设计院完成了相关的研究工作，并通过长江水利委员会组织的专家评审，2020年9月报送水利部。

目前，长江设计院正在继续开展工程建设方案深化研究。

总之，三峡工程问题具有表现明显、处在科技前沿、影响广泛深远、示范性强、原理性问题和应用性问题相交织的特点，要按照中央对三峡工作的指示和水利部李国英部长关于三峡工作的讲话精神，认真研究解决这些问题，管理运行好三峡工程，推动三峡工作高质量发展，为水利事业的发展贡献三峡力量。

第十四讲

江湖关系的历史和未来

（2021年8月31日）

江湖关系是长江大保护中十分对重要的关系，处理好江湖关系事关长江中下游防洪、两湖地区人民生产生活以及长江生态系统的保护，因此需要全面考察江湖关系的历史变迁，剖析原因，确定治理思路，以适应新时期工作需要。

一、江湖关系变迁的历史和启示

江湖关系的变迁是研究江湖关系重要依据。在现代荆江河道形成之前，长江在两湖地区是江湖一体的。历史上这一地区有两大古泽——云梦泽和彭蠡泽。随着历史变迁，两大古泽消失，因此，其在不同历史时期的变化情况值得关注。本讲以云梦泽为例加以分析。

1. 云梦泽的产生和消亡

云梦泽，上古中国第一大湖泊，在唐宋之际消失。历史上关于云梦泽究竟在哪里？有多大？是什么原因导致了云梦泽的消亡？何时开始消亡等问题一直争论不休。

随着对史籍的搜集整理，考古的新发现，特别是地质科技的新进步，关于云梦泽的演变可以得到一个基本清晰的轮廓。云梦泽在新石器时代晚期是一个地跨现代长江南北的大湖，随着泥沙淤积，江汉平原、长江河道形成,其在唐宋时期逐步分解演化为洞庭湖、洪湖等分布在长江南北的大小湖泊。

(1) 史籍重要记载。

《尚书·禹贡》:"荆及衡阳惟荆州。江汉朝宗于海,九江孔殷,沱潜既道,云土梦作乂。"

《战国策·楚策》:"于是,楚王游于云梦,结驷千乘,旌旗蔽天。野火之起也若云霓,兕虎之嗥声若雷霆。乃狂兕䍧车依轮而至。王亲引弓而射,壹发而殪。"

《国语·楚语下》:"又有薮曰云连徒洲,金木竹箭之所生也,龟、竹、齿、角、皮革、羽毛,所以备赋用以戒不虞也,所以供币帛以享于诸侯者也。"

《楚辞·招魂》:"与王趋梦兮课后先,君王亲发兮殚青兕。"

《子虚赋》:"云梦者,方九百里""有平原广泽""缘以大江,限以巫山""神龟、蛟鼍、玳瑁、鳖鼋"。

《水经注》:"湖水周三、四百里,夏水来汇渺若沧海。"

《梦溪笔谈·云梦考》:旧《尚书·禹贡》云"云梦土作乂",太宗皇帝时得古本《尚书》,作"云土梦作乂,诏改《禹贡》从古本。予按孔安国注:'云梦之泽在江南。'不然也。据《左传》:'吴人入郢……楚子涉雎济江,入于云中。王寝,盗攻之,以戈击王……王奔郧。'楚子自郢西走涉雎,则当出于江南;其后涉江入云中,遂奔郧,郧则今之安陆州。涉江而后至云,入云然后至郧,则云在江北也。《左传》曰:'郑伯如楚……王以田江南之梦。'杜预注云:'楚之云梦,跨江南北。'曰'江南之梦',则云在江北明矣。元丰中,予自随州道安陆入于汉口,有景陵主簿郭思者,能言汉沔间地理,亦以谓江南1111为梦,江北为云。予以《左传》验之,思之说信然。江南则今之公安、石首、建宁等县,江北则玉沙、监利、景陵等县。乃水之所委,其地最下,江南二浙,水出稍高,云方土而梦已作乂矣。此古本之为允也。"

第十四讲 江湖关系的历史和未来

沈括的《梦溪笔谈·云梦考》对宋以前的史料做了合情合理的分析，同时，佐之以实地考察，是宋以前关于云梦泽争论的一个较为全面的总结。

（2）近年地理、气候和地质研究成果。

历史记载反映了云梦泽从先秦到宋朝的变迁，为地理、气候和地质勘探研究所证实。据杨怀仁等、杨达源、方金琪、周凤琴等人的研究，云梦泽的变迁过程大致如下：距今10000～5000年前左右为扩展阶段的漫流时期；距今5000～2000年前为继续扩展至相对稳定时期；距今2500～800年前为萎缩消亡时期，从发展到衰亡历时约为9000余年。云梦泽的范围，周凤琴认为，从层积物分析来看，云梦泽的标志层——蓝灰色黏土的分布范围，已东至大别山麓，西至松滋丘陵前缘，北越汉水，南入洞庭，并延伸至南洞庭及西洞庭的河谷洼地。由于沼泽化的水草繁茂有利于泥炭发育，如江汉之间的西流河周围数十公里以内地面下4.0m左右，多为厚约30cm的泥炭层埋藏，上下为重黏土及青灰色淤泥等。又如湖南岳阳、汉寿、汨罗江口一带亦具有湖沼沉积，并有贝壳及泥炭化有机质等发现。

（3）考古学的成果。

20世纪以来，两湖地区考古取得了长足发展，发现数百处新石器时期文化遗址，特别是彭头山、屈家岭、石家河三个文化遗址的考古发掘，对研究中华民族起源、长江流域文化至关重要。1998年考古学家王红星通过对长江中游地区新石器时代遗址分布的研究，发现一个规律：在新石器时期，两湖地区曾分别出现遗址数量锐减和明显增多的现象。这些变化同时发生，显然不是偶然的，而可能与环境发生较大变化有关系。王红星认为，在新石器时期长江中游地区发生了4次大的洪水：第1次在彭头山文化晚期，约为距今7500～7000年之间；第2次为大溪文化类型三期阶段，约距今5800～5500年之间；第3次为屈家岭类型第三期阶段，约距今5000～4800年之间；第4次为石家河后期阶段，距今约 4100～3800 年之间。

　　此外，1870 年大洪水也印证了上述观点。1870 年发生了千年一遇的大洪水，这次洪水应与上述 4 次洪水量级相当。水利学家根据记录制作了洪水淹没图，淹没区大致相当于盛期云梦泽的范围。像 1870 年这样量级的洪水，9000 年间不会超过 10 次，一般情况下云梦泽的水域面积要小得多。

　　综合文献、考古、气候、地质研究，参考 1870 年洪水状况，可以得出以下基本结论：古人的记叙基本是可信的；云梦泽地跨长江南北，包含现今的洞庭湖区，极盛时超过"方九百里"；9000 年间经历了从产生到消亡的过程，禹的时期云梦泽已有相当多的土地出露，一些地方已开始有人耕种，唐宋时期其逐渐分解、消亡。

　　至于产生如前所述的争论，主要是因为：一是对南方楚人渔猎耕种的生活方式不太了解；二是记叙的时期不同，或者即便同一时期，在洪水期和枯水期，云梦泽的面积差异巨大。

2. 洞庭湖的变迁

　　武汉大学石泉教授等认为"两湖平原在新石器时代以来就没有形成跨江南北大湖泊"，这一观点值得商榷。在相当长的时期，特别是在 4 次大洪水期间，大江南北的水面是连成一片的，并形成了较厚的淤积层。作者认为长江中游地区由人类活动导致较大的改变是大禹治水。大禹治水大致在石家河后期阶段，相当于中原二里头文化二期阶段。从中华文化史的角度，大禹治水把中原文化扩散到了几乎整个长江流域，促进了长江、黄河两大文化的融合，进而推动形成了早期中华文明。从江湖关系的角度，"禹别九州"，形成了新石器时代的长江，排出了两湖地区的积水，楚有了大片可以耕种的土地，"云土梦作乂"，为楚文化在春秋战国的崛起创造了条件。实际上，长江下游吴越文化的崛起也是如此。

　　进入历史时期以后，历朝历代有了文字记录，洞庭湖由小到大，再由大到小的演变历程十分清晰。

先秦之后，云梦泽逐渐解体，江湖关系转变，直接影响到洞庭湖的演变。东晋永和年间，荆江南岸形成景口、沦口二股分流汇合成沦水进入洞庭湖。洞庭湖由于承载两口分泄之江水江沙，湖泊的淤积过程开始加速，形成大小不一的湖群。

唐宋时期，荆江统一河床的形成，使边界条件发生重大变化。每当大洪水通过荆江段常形成决口，"九穴十三口"形成。穴口大量分流长江洪水，使洞庭湖呈现明显扩张之势，原来在汉晋时期彼此支离的洞庭、青草、赤沙3个湖泊在高水位时得以连成汪洋一片。形容湖水波澜壮阔的"八百里洞庭"一词便开始在这一时期的诗文典籍中出现。

宋代以后，荆江河床不断为泥沙淤积，洪水位持续抬升，使魏晋时原"湖高江低、湖水入江"的江湖关系逐渐演变为"江高湖低、江水入湖"的格局。从宋代开始，长江洪水成为心腹大患。

元、明、清三朝，随着荆江堤防的不断修筑和穴口的时决时塞，江患加剧，荆江溃堤、湖区溃垸频繁。明嘉靖之后，荆江北岸穴口尽堵，南岸保留太平、调弦二口与洞庭湖连通，一遇洪水湖水泛滥四溢，西洞庭湖和南洞庭湖就是在这一背景下逐渐扩大起来的，洞庭湖在清中叶发展到的八九百里。洪水时节，洞庭湖水域面积超过 $6000km^2$。

19世纪中叶，洞庭湖开始由盛转衰，从 $6000km^2$ 的浩瀚大湖，萎缩到目前的 $2691km^2$。咸丰、同治年间藕池、松滋相继溃口，荆江四口分流入洞庭湖的局面正式形成。伴随着泥沙淤积和洲滩的迅速扩展，湖区继之开展大量的围垦。湖泊变成洲滩，洲滩又成为垸土和湖田，洞庭湖人进水退的状况开始出现。滨湖堤垸如鳞，弥望无际，已有与水争地之势，至清末洞庭湖总计有堤垸1094座。

3. 工程对江湖关系的影响

"万里长江，险在荆江"，新中国成立后，为了解除长江心腹之患，国家在长江中游先后实施了蓄滞洪区建设、堤防加固加高、下荆江裁弯、洞庭湖治理、鄱阳湖治理等工程，基本建构了长江中游防护体系，但有两项工程对长江及江湖关系带来了不可逆的影响。

（1）下荆江系统裁弯工程对长江干流的影响。

下荆江系统裁弯包括中洲子、上车湾人工裁弯和沙滩子自然裁弯以及后续的河势控制工程。中洲子人工裁弯于1966年10月开工，1967年5月完工，引河经过1967年汛期冲刷于冬季成为主航道。上车湾人工裁弯1968年12月至1969年6月实施，引河过流后经过一个汛期的冲刷至冬季尚不能通航；为了不形成两河并存均不能通航的局面，遂实施第二期疏挖工程，至1971年5月新河成为主航道。原规划实施的沙滩子裁弯于1972年7月发生自裁，因对河势影响较大，于当年冬季即开始进行河势控制。

下荆江系统裁弯使河道长度缩短了78km，3个裁弯均分别降低各段的侵蚀基准面，对上游河道带来长距离的冲刷，据分析，裁弯后不久其水位的影响已达砖窑（距石首约182km）。下荆江系统裁弯工程扩大了荆江泄量，缩短了航程，裁除了浅滩，取得了显著的防洪、航运效益。

下荆江系统裁弯导致上游水位降低。下荆江系统裁弯后，荆江河段普遍发生冲刷。据1965—1993年资料统计，荆江河段枯水河槽、中水河槽和平滩河槽分别冲刷了5.65亿m^3、6.81亿m^3和9.52亿m^3，即枯水河槽、枯水位至平均水位之间河床和平均水位至平滩水位之间河床分别冲刷了5.65亿m^3、1.16亿m^3和2.71亿m^3。这是因为3个裁弯段的洪、中、枯水期基面均降低而产生溯源冲刷的结果。下荆江系统裁弯使上游水位普遍降低，降低值自下游向上游递减。其中1966—1972年石首、新厂、沙市的洪水位降低值分别为1.06m、0.65m和0.50m，相应分别扩大泄量11700m^3/s、8000m^3/s和4500m^3/s；流量为4000m^3/s下的枯水位石首、沙市、陈家湾站1978年比1965年分别下降了1.80m、1.40m和1.20m。据研究，裁弯后水位影响的范围现已上溯超过枝江站（距郝穴站142km），远远大于下荆江河道缩短的长度。

（2）三峡工程对长江干流的影响。

三峡蓄水运用以来，学者们开展了关于三峡工程对河道及江湖关系影响方面的大量研究。文献系统研究了2019年度三峡水库进出库水沙特性、水库淤积及坝下游河道冲刷；长江水利委员会水文局毛北平教授等分析了三峡工程蓄水以来长江与洞庭湖汇流关系变化及其影响；部分学者研究了三峡蓄水后长江与鄱阳湖的关系及其生态环境影响，并先后分析了三峡水库蓄水后江湖关系；长江科学院卢金友教授等则研究了水库群联合作用下长江中下游江湖关系响应机制。两坝间河床总体处于冲刷状态；长江中游河道蓄水前河床冲淤相对平衡的态势有所改变，河床冲刷强度有所增大（以枯水河槽冲刷为主），且逐渐向下游发展，河床以纵向冲刷为主，河势总体上尚未发生明显变化。

2002年10月—2019年10月，宜昌至湖口河段平滩河槽冲刷$25.590 \times 10^8 m^3$，年均冲刷量为$1.466 \times 10^8 m^3$。其中宜昌至城陵矶段河道冲刷强度最大，其冲刷量（$13.581 \times 10^8 m^3$）占总冲刷量的53%，城陵矶至汉口（$5.035 \times 10^8 m^3$）、汉口至湖口（$6.974 \times 10^8 m^3$）河段冲刷量分别占总冲刷量的20%、27%。三峡工程运行17年来，宜昌至汉口河段年均冲刷量与原预测值接近，武汉以下河段冲刷向下游发展的速度比预测要快一些，主要是由于三峡入、出库沙量比原预测值显著减少，加之受河道采砂的影响等，导致坝下游冲刷发展较快。

三峡工程蓄水运用后，长江中下游河道河型没有发生变化，河势总体稳定，局部河势仍在原基础上继续调整，如沙市河段太平口心滩、三八滩和金城洲段等，下荆江调关弯道段、熊家洲弯道段主流摆动导致出现了切滩撒弯现象。而宜枝河段河床冲刷强烈，且以纵向冲刷下切为主，床沙粗化明显。2002年9月—2019年10月，宜枝河段平滩河槽累计冲刷$1.664 \times 10^8 m^3$，年均冲刷量为$0.0979 \times 10^8 m^3$。

深泓纵剖面平均冲刷下切4.0m，深泓最大冲深24.2m（外河坝的枝2断面）。2002年10月—2019年10月，荆江河段平滩河槽累计冲刷$11.916×10^8m^3$，年均冲刷量为$0.701×10^8m^3$，远大于三峡蓄水前1975—2002年年均冲刷量为$0.11×10^8m^3$。荆江纵向深泓以冲刷为主，平均冲刷深度为2.94m，最大冲刷深度为16.2m，位于调关河段的荆120断面，其次为文夹村附近的荆56断面，冲刷深度为14.4m。2001年10月—2019年10月，城汉河段总体表现为冲刷，其平滩河槽冲刷量为$5.035×10^8m^3$，年均冲刷量为$0.280×10^8m^3$。深泓纵剖面总体冲刷，深泓平均冲深为1.99m。汉口至湖口河段河床年际间有冲有淤，平滩河槽总冲刷量为$6.975×10^8m^3$，年均冲刷量为$0.388×10^8m^3$。河段深泓纵剖面有冲有淤，除田家镇河段深泓平均淤积抬高外，其他各河段均以冲刷下切为主，全河段深泓平均冲深3.15m。

三峡工程运用后的2003—2019年，长江中下游河道枯水期同流量下水位有不同程度的降低。与2003年相比，2019年汛后宜昌、枝城、沙市、螺山、汉口站分别下降了0.72m（6000m³/s）、0.58m（7000m³/s）、2.80m（7000m³/s）、1.78m（10000m³/s）、1.56m（10000m³/s），大通站则没有发生明显的变化。

（3）两大工程对江湖关系的影响。

1950年以来，受下荆江裁弯、葛洲坝水利枢纽和三峡水库的兴建等导致荆江河床冲刷下切、同流量下水位下降，三口分流道河床淤积，以及三口口门段河势调整等因素影响，荆江三口分流分沙能力一直处于衰减之中（见表1、表2）。在1956—1966年荆江三口分流比基本稳定在29.5%左右；在1967—1972年下荆江系统裁弯期间，荆江河床冲刷、三口分流比减小；裁弯后的1973—1980年，荆江河床继续大幅冲刷，三口分流能力衰减速度有所加大；1981年，葛洲坝水利枢纽修建后，衰减速率则有所减缓。1999—2002年，荆江三口年均分流量和分沙量分别为625.3亿m³和5670万t，与1956—1966年的1331.6

亿 m³ 和 19590 万 t 相比，分流、分沙量分别减小了 53%、71%；其分流分沙比也分别由 1956—1966 年的 29%、35% 减小至 14%、16%。

表1　各站分时段多年平均径流量与三口分流比对比表　　（单位：亿 m³）

时段（年）	枝城	新江口	沙道观	弥陀寺	康家岗	管家铺	三口合计	三口分流比
1956—1966	4515	322.6	162.5	209.7	48.8	588	1331.6	29%
1967—1972	4302	321.5	123.9	185.8	21.4	368.8	1021.4	24%
1973—1980	4441	322.7	104.8	159.9	11.3	235.6	834.3	19%
1981—1998	4438	294.9	81.7	133.4	10.3	178.3	698.6	16%
1999—2002	4454	277.7	67.2	125.6	8.7	146.1	625.3	14%
2003—2018	4188	240.8	52.91	82.31	3.624	101.8	481.4	11%
2018	4810	284.5	63.22	58.91	2.32	96.37	505.3	11%
2019	4473	243.6	54.68	47.06	2.142	92.88	440.4	10%

表2　各站分时段多年平均输沙量与三口分沙比对比表　　（单位：万 t）

时段（年）	枝城	新江口	沙道观	弥陀寺	康家岗	管家铺	三口合计	三口分沙比
1956—1966	55300	3450	1900	2400	1070	10800	19590	35%
1967—1972	50400	3330	1510	2130	460	6760	14190	28%
1973—1980	51300	3420	1290	1940	220	4220	11090	22%
1981—1998	49100	3370	1050	1640	180	3060	9300	19%
1999—2002	34600	2280	570	1020	110	1690	5670	16%
2003—2018	4330	360	107	119	11.2	269	866	20%
2018	4160	429	114	90.3	5.34	211	850	20%
2019	1120	158	35.1	24.6	1.39	83.6	303	27%

三峡工程蓄水运用后，因荆江河道发生冲刷，三口分流比和分流量继续保持下降趋势。初期蓄水运用后，2007年和2008年荆江三口分流比分别为13.0%和12.4%，分沙比分别为19.6%和18.7%。试验性蓄水后，2009年和2010年荆江三口分流比分别为11.0%和13.5%，分沙比分别为20.2%和24.5%；2019年，荆江三口分流、分沙量分别为440.4亿m^3、303万t，分流、分沙比分别为10%、27%，三口分流分沙量变化过程和分流分沙比变化过程（见图1～图3）。

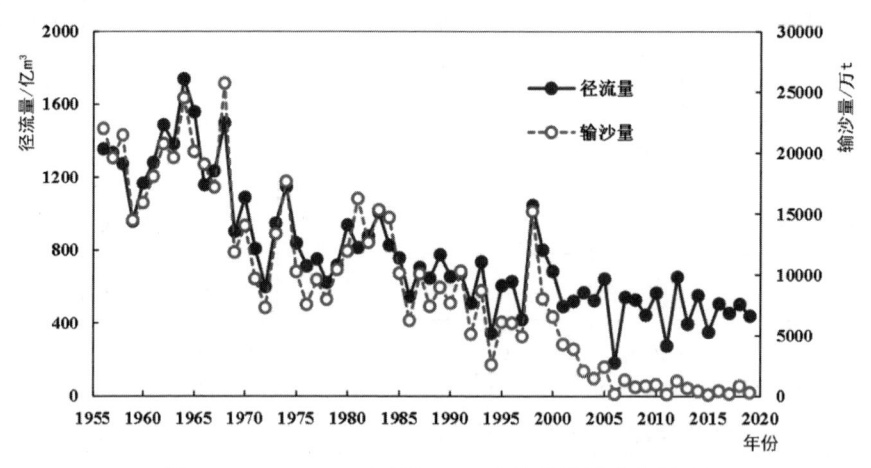

图1　1956—2019年荆江三口分流分沙量变化过程

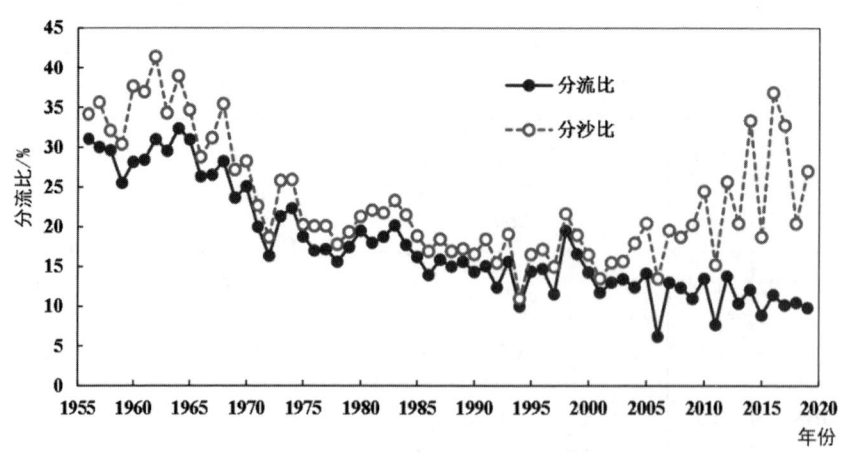

图2　1956—2019年荆江三口分流分沙比变化过程

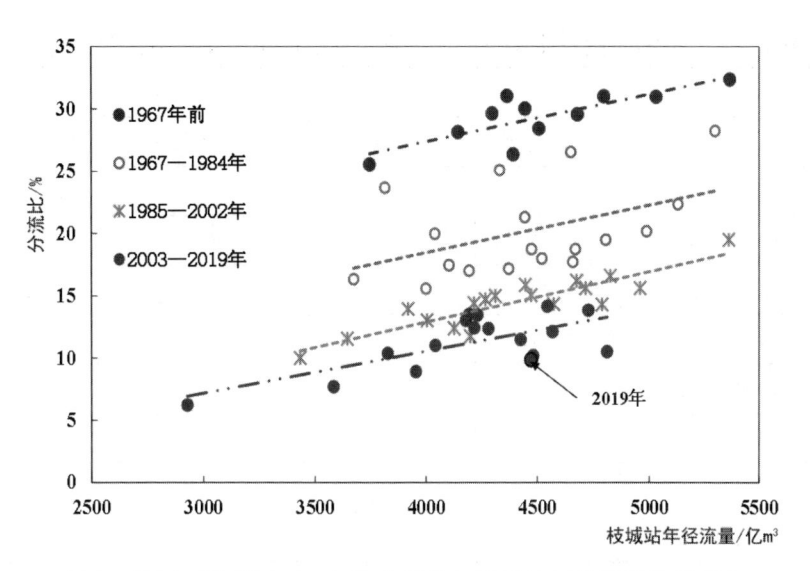

图 3 不同时段荆江三口年均分流比与枝城站年径流量关系变化

多年以来，三口洪道以及三口口门段的逐渐淤积萎缩造成了三口通流水位抬高，加之上游来流过程的影响，松滋口东支沙道观、太平口弥陀寺、藕池（管）、藕池（康）四站连续多年出现断流，且年断流天数增加。三峡水库蓄水运用后，随着分流比的减小，三口断流时间也有所增加。如松滋河东支沙道观1981—2002年的平均年断流天数为171d，蓄水后（2003—2018年）增加到188d（见表3、表4）。

表 3　　　　　　不同时段三口控制站年断流天数统计

时段（年）	多年平均年断流天数 /d				断流时枝城相应流量 / (m³/s)			
	沙道观	弥陀寺	藕池(管)	藕池(康)	沙道观	弥陀寺	藕池(管)	藕池(康)
1956—1966	—	35	17	213	—	4290	3930	13100
1967—1972	—	3	80	241	—	3470	4960	16000
1973—1980	71	70	145	258	5330	5180	8050	18900
1981—1998	167	152	161	251	8590	7680	8290	17600
1999—2002	189	170	192	235	10300	7650	10300	16500
2003—2018	188	137	180	273	9883	7219	9132	15913
2018	151	125	153	292	8240	7090	8870	16900
2019	155	146	179	282	8770	8680	10900	16100

表4　　不同时段蓄水期（9—10月）三口控制站年断流天数统计

时段	分时段多年平均年断流天数/d			
	沙道观	弥陀寺	藕池（管）	藕池（康）
1956—1966	—	—	—	7
1967—1972	—	—	—	20
1973—1980	—	—	—	25
1981—1998	1	—	1	21
1999—2002	6	—	4	25
2003—2018	11	2	9	40
2018	—	—	—	59
2019	—	—	4	61

鄱阳湖的前身即是上古九泽中的彭蠡泽，从彭蠡泽到鄱阳湖的历史变化大致与云梦泽到洞庭湖的变化类似。在历史发展中，彭蠡泽解体演化为龙感湖、大官湖、泊湖和鄱阳湖。

4. 江湖关系变迁的启示

梳理江湖关系的历史，总结江湖关系变化的历史规律和自然规律，以找到处理江湖关系的正确方法是历史研究的出发点和归宿。通过梳理江湖关系的历史，能得到如下认识：一是史前时代，自然力是江湖关系变化的主导性力量，在进入历史时期以后，人力是江湖关系变化的主导性力量。人力主要表现在改变水沙关系、修垸筑堤等方面，最终改变了江湖关系，而且随着人力的提高，江湖关系的变化愈来愈剧烈。二是江湖关系的本质是水沙关系，水沙关系的本质是人水关系。1949年以后的70年是两湖关系变化最为剧烈的时期之一，70年间，治江有成功的经验，也有失败的教训。江湖关系现在面临的复杂局面提示我们解决问题要避免头痛医头，脚痛医脚，要从系统的角度、历史的角度考虑问题、研究问题。三是长江中游地区的洪水概率和量级比较稳定，5年、10年、20年、30年、50年、100年间一定会有量级不同的若干次洪水，一定会有几次上游洪水和中游洪水碰头，也就是说，长江中游洪水条件是给定的。在两湖萎缩以后，必须给洪水找到出路，前辈政治家和科学家想出了在三峡建水库的办法，恐怕是无法之法。四是长江中游生态系统是长期自然、历史、人类协同进化的结果，但进入人类世纪以后，其稳定性受到严重挑战，相关报道指出长江生物完整性指数已达到最差的"无鱼"等级。五是楚文化崛起的深刻启示：文化发展需要充足的水源、丰腴的土地。古语云：有斯土而后有斯民。要善待江河，善待土地。

二、稳定江湖关系的基本思路

按照水沙运动和河湖演变的规律，在自然状态下，两湖会被淤死或逐渐与长江分离，但这个历史过程是相当长的。现在的问题是在自然力、人力的共同作用下，这个过程加快了，从前面的分析可以看到，这种情况在 50～100 年内就可能会变成现实。主要原因是：根据对两湖地区地质勘探研究，历史上荆江有相当长一个时期为深切河谷，换句话说，现在荆江河道为可冲易冲堆积物；由于长江中上游植树造林、山区土地耕种减少、水坝建设等综合原因，荆江上游来沙量大幅减少，清水对河道的冲刷超出预期；现在的调度方式，从某种意义上来说，增加了对河道的冲刷。

河道深切会导致江湖关系发生根本性变化，那么河道会深切到什么程度，江湖关系会发生什么样的变化，需要什么样的江湖关系，如何调整和维持江湖关系等就是应该深入思考和研究的问题。

1. 江湖关系的基本格局不能动摇

相当长的一个时间，要保持江湖关系的基本格局，如果继续恶化将发生难以逆料的后果。主要的理由有以下三点：

一是长江中下游防洪形势不允许江湖关系发生重大改变。长江水利委员会长江设计院仲志余教授指出，若发生1954年量级的洪水，即使在发挥三峡水库等上游控制性水库防洪作用的情况下，长江中下游仍有超额洪量约325亿 m³。这些洪水需要洞庭湖（容积约167亿 m³），鄱阳湖（容积约303亿 m³）和长江中下游规划的42处蓄滞洪区来调蓄。据统计，洞庭湖多年平均最大入湖洪量为3.68万 m³/s，出湖流量为2.74万 m³/s，削峰率达25.5%。鄱阳湖每年平均最大入湖洪量为3.09万 m³/s，出湖流量为0.86万 m³/s，削峰率达72.2%。由此可见，维持江湖关系的基本格局，对于保障长江中下游防洪安全至关重要。

二是保护长江及全球生态系统和生物多样性不允许江湖关系发生重大改变。洞庭湖和鄱阳湖在长江及全球生态系统和生物多样性等方面具有重要地位和独立价值。长江三峡工程生态环境监测系统洞庭湖、鄱阳湖重点站监测表明：洞庭湖有鱼类23科114种，鸟类41科158种；鄱阳湖共有鱼类122种，鸟类250种。两湖是江湖洄游鱼类育肥的场所，从某种意义上来说，还是长江特有鱼类最后的避难所。近年媒体报道，在赣江发现江豚群，证明长江、鄱阳湖、赣江的连通性尚好，江豚通过江湖连通扩大了生存空间。两湖还是欧亚大陆鸟类传统的觅食越冬地，每年约有100万只候鸟在此栖息。

三是两湖地区人民的生产生活不允许江湖关系发生重大改变。两湖周边地区生活着约3000万人口，两湖地区是我国重要的粮棉油生产基地和工业基地，两湖长期以来是两湖地区人民的生产生活水源地，因此，也不能允许江湖关系发生根本性的改变。

2. 处理江湖关系的原则

"万里长江，险在荆江"。1952年，荆江分洪工程刚开工不久，毛泽东主席题词："为广大人民的利益，争取荆江分洪工程的胜利"。周恩来总理题词："要使江湖都对人民有利"。而后，中央确定了"确保荆江大堤，江湖两利，蓄泄兼筹，以泄为主，上下荆江统筹考虑"的综合治理方针。以这一方针为指导，先后实施开辟蓄滞洪区，大堤

第十四讲 江湖关系的历史和未来

除险加固、下荆江裁弯取直、两湖治理等工程，而后又建设了三峡工程，基本建构了荆江防洪体系。

这些工程的实施带来了巨大的社会、经济效益，也改变了长江的面貌。近 70 年过去了，需要重新审视经济社会发展状况和长江以及江湖关系的变化，思考处理新时期江湖关系的原则。

结合当前实际，处理江湖关系应具有以下原则："维持格局，长期监测，修复生态，工程辅助，江湖库三利。"

一是"维持格局"，江湖关系的现有格局是长期自然历史演化的结果，从长远看还会变化，但我们要防止其产生巨变和突变，进一步破坏长江生态系统，同时基于"三个不允许"，维持江湖关系的现有格局既是防洪的需要，也是保护长江生态系统的需要，更是保障两湖地区人民生产生活的需要。

二是"长期监测"，受植树造林、城市化、工程建设的影响，长江来沙大幅度减少的情况将会长期持续，对中下游及两湖将会带来持久而深刻的影响，需要开展泥沙、河湖地形、水生态、水环境等方面的长期监测。

三是"修复生态"，长江及两湖生态系统遭受极大破坏，在共抓大保护、不搞大开发的发展理念下，国家出台了《中华人民共和国长江保护法》，并实施了长江十年禁渔等措施，现在和今后很长的一段时间要把修复长江生态作为我们第一位的任务。

四是"工程辅助"，长江现在已经是一条人工化的长江，为维持江湖关系格局，要采取必要的工程措施抵消一些不利影响，但也要反对大填大挖、大疏大截，要深入研究，相机、渐进、慎重实施。

五是"江湖库三利"，现在处理江湖关系增加了三峡水库这个新的因素，要上下联动，力争实现长江、两湖、三峡水库三利。科学调度三峡工程可以减轻对中下游的影响，延长三峡水库使用寿命，长远发挥三峡工程作用，要深入研究江湖库关系，精细调度。

3. 近期需要采取的主要措施

20世纪90年代以后，受上游水库中拦沙、水土保持工程、降雨变化和河道采砂等影响，长江上游径流量变化不大，输沙量减少趋势明显。三峡水库蓄水运用以来，2003—2019年三峡入库主要控制站——朱沱、北碚、武隆站平均径流量、悬移质输沙量之和分别3667亿 m^3 和1.42亿 t，较1990年以前分别减小5%和69%，较1991—2002年分别减少2%和58%。

三峡水库泥沙淤积明显减轻，且绝大部分泥沙淤积在水库145m以下的死库容内，水库有效库容损失目前还较小；涪陵以上的变动回水区总体冲刷，重点淤沙河段淤积强度大为减轻；坝前泥沙淤积未对发电取水造成影响。

重庆主城区河段2008年9月—2019年12月累计冲刷2267.6万 m^3，并未出现论证时担忧的泥沙严重淤积的局面，也未出现砾卵石的累积性淤积。

三峡水库2003年6月—2019年12月淤积泥沙18.325亿 t，近似年均淤积泥沙1.099亿 t，仅为论证阶段（数学模型采用1961—1970系列年预测成果）的33%，水库排沙比为23.8%，水库淤积主要集中在常年回水区。从淤积部位来看，库区干、支流92.8%的泥沙淤积在145m高程以下，淤积在145～175m之间的泥沙为1.291亿 m^3，占淤积量的7.2%，占水库静防洪库容的0.58%，且主要集中在奉节至大坝库段。

前面分析了三峡水库下游的冲刷情况及影响。现在对长江泥沙问题总的判断是：三峡水库的泥沙淤积好于预期，中下游泥沙冲刷大于预期。这种情况有利有弊，有利的情况是延长三峡水库使用寿命，有利于两湖冲淤走沙，有利于扩大长江及支流河道蓄水容量，这三个方面都大大有利于长江中下游防洪。但中下游泥沙冲刷也会引起一系列连锁反应，导致一些问题：河床下切，堤岸崩塌，枯水位下降；江湖关系改变，洞庭湖三口分水分沙减少，两湖湖水下泄加快，枯水期延长，两湖地区人民用水紧张等。这些问题需要采取措施缓解，近期需要采取的措施是：

一是着眼于三峡水库长期发挥效益，进一步优化调度。首先三峡水库蓄水的目标，不能着眼于满蓄，要着眼于长期发挥效益，不能盯着某一年度蓄到175m水位没有，要放长远，100年、200年、300年，甚至500年还能不能发挥防洪效益；其次落实"蓄清排浑"的调度原则，尽可能增加三峡水库排沙量；再次进一步研究中小洪水调度的利弊，明确中小洪水调度的条件和频次；然后长江上游干支流水库群也要按照"保证防洪，蓄清排浑"的原则进行调度。

二是建立荆江河道岁修制度，落实资金渠道。据长江科学院研究成果，三峡水库达到沙平衡的时间近400年，即使三峡水库达到了沙平衡，其来沙量也大为减少，这就意味着三峡水库下游河道的冲刷将会成为常态，经年累月的冲刷将会对荆江河道产生巨大的影响，为此需要加强监测研究，建立荆江河道岁修制度。

三是实施洞庭湖三口清淤工程，开展冲沙试验。洞庭湖和长江干流泥沙冲刷不匹配，长此以往，将改变江湖关系，为此建议实施洞庭三口清淤工程并进行洞庭湖冲沙试验。由于洞庭湖地形、水沙条件复杂，即便经过模型试验也难以准确预测冲沙效果，三口清淤工程应分步实施，摸索经验，逐步展开。

四是实施两湖入江水道整治工程，增加两湖枯水期持水。两湖入江水道由于前些年滥采乱挖，呈现坑坑洼洼和河槽高程整体下降的状况，需要治理。入江河道整治要达到三个目标：首先要保持江湖的连通性；其次要有利于洪水期行洪；再次要有利于枯水期两湖持水。同时实现这三个目标虽然有难度，但充分发挥专家们的聪明才智，目标一定能够实现。

五是持续开展生态调度，恢复江湖渔业资源。长江渔业资源已达到"无鱼"等级，2020年，党中央国务院做出重大决策，实施长江流域十年禁渔，但恢复长江渔业资源仍需加力。据长江水利委员会和中国长江三峡集团总公司的研究和试验，以促进四大家鱼产卵为目的生态调度，提升了水温，形成了激流，这些有利于四大家鱼产卵的条件，刺激了产卵，增加了产卵量，取得了明显的效果。要进一步开展研究，总结经验，持续开展生态调度。

六是大幅度增加珍稀水生生物的人工放流数量，力争取得珍稀水生生物保护的实效。在长江流域开展珍稀水生生物人工增殖放流已有近20年了，但从目前的情况来看，没有取得明显的成果。以中华鲟为例，中国长江三峡集团总公司已人工放游500万尾，但近年来，已有3年没能监测到中华鲟自然繁殖。究其原因，人工放流规模不够。由于诸多原因的损耗，500万尾放入长江，可长成成年鱼的几率很小。因此，要加大投入，扩建繁殖育苗基地，扩大珍稀水生生物人工放流的规模，扩大基数，争取取得实实在在的，可以看得见的成果，为人类造福。

七是加强水生态基础理论和水文与水生动植物耦合关系研究，为保护长江水生态提供技术支撑。长江生态系统是巨系统，系统各因子关系复杂。水沙状况影响长江及江湖关系；水量、水温、流态、流速对水生生物有不同的影响；不同的水生动植物对环境有不同的需求，有时这些需求甚至截然相反，这些问题急需研究，为调整江湖关系提供技术支撑。

八是持续开展长江泥沙问题监测与研究，提高预测准确性。长江泥沙的边界条件与三峡工程论证时期相比，发生了根本性变化，要继续研究新的水沙条件下长江及江湖关系的变化趋势，提高模型研究的可靠性，要对未来50年、100年做出相对准确的预测，避免治江策略选择发生重大失误。

三、结论

本讲以洞庭湖为主要对象,基于历史资料,重点分析洞庭湖的变迁,认为历史上江湖关系一直变化不断,新中国成立以后荆江裁弯工程、三峡工程对江湖关系影响较大,自然力和人类活动分别是史前和历史时期以后江湖关系变化的主导性力量。当前长江大保护形势下,维持江湖关系应以"维持格局,长期监测,修复生态,工程辅助,江湖库三利"为基本原则,采取水库优化调度、荆江河道岁修、洞庭湖三口清淤、两湖入江水道整治、开展生态调度、增加珍稀水生生物放流、加强水文与水生动植物耦合关系研究和泥沙监测研究等措施,助力中华民族母亲河保护。

第十五讲
关于水利水电工程使用寿命问题的探讨

（2024年9月26日）

水利水电工程的使用寿命问题是水利水电工程建设与管理的原点问题，也是水利工作实现高质量发展的一个重大理论和实践问题。搞清楚这个问题，有利于转变观念，实现水利工作革命性的变革，有利于厘清水利水电工程建设和管理的目标，促进水利水电行业可持续发展，有利于节约资源和资金、保护生态和环境，实现人与自然的和谐发展。

一、水利水电工程建设和管理的目标应该是长期使用

1. 现行法规对水利水电工程使用寿命没有做出明确规定

工程使用寿命在不同的法规中有不同的表述：《中华人民共和国建筑法》第六十条规定："建筑物在合理使用寿命内，必须确保地基基础工程和主体结构的质量"；《工程结构可靠性设计统一标准》将设计使用年限定义为，"设计规定的结构或结构构件不须进行大修即可按预定目标使用的年限"；《混凝土结构耐久性设计规范》中将结构使用年限定义为，"结构各种性能均能满足使用要求的年限"；《混凝土结构耐久性设计与施工指南》将结构使用年限定义为，"结构建成后，在预定的使用与维修条件下，结构所有性能均能满足原定要求的实际年限"，将设计使用年限或设计寿命定义为"设计人员用以作为结构耐久性设计依据并具有足够安全程度或保证率的目标使用

第十五讲　关于水利水电工程使用寿命问题的探讨

年限"。

水利法规对水利水电工程使用寿命做出规定的是《水工混凝土结构设计规范》和《水利水电工程合理使用年限及耐久性设计规范》，但这两个规范并没有对水利水电工程使用寿命问题做出明确规定，只是提出了工程安全使用的最低要求年限。《水工混凝土结构设计规范》将设计使用年限定义为，"设计规定的结构或结构构件不需进行大修即可按预定目的使用的时期"。

《水利水电工程合理使用年限及耐久性设计规范》将水利水电工程及其水工建筑物的合理使用年限定义为，"水利水电工程及其水工建筑物建成投入运行后，在正常运行使用和规定的维修条件下，能按设计功能安全使用的最低要求年限"。也就是说，工程的合理使用年限是指工程在正常设计、正常施工、正常运行使用和规定的维修（包括大修在内）下应达到的最低使用年限，包括按有关规定进行安全鉴定和必要的设计预定的检测、维护和修理。

水利水电工程合理使用年限是每一个水利水电工程师熟悉且印象深刻的内容（见表1），因为这是水利水电工程建造师的考点。这张表给了很多人一个错误印象，水利水电工程是有寿命的，而且不长，最多不过150年，最短才30年。"合理使用年限"这一概念本身隐含一层意思，工程超过表中所列年限继续使用是不合理的。但很多人忽略了《水利水电工程合理使用年限及耐久性设计规范条文说明》中有一段重要的话："我国幅员辽阔，由于环境作用下的耐久性问题十分复杂，不仅环境侵蚀作用本身多变，存在较大的不确定和不确知性，而且结构材料在环境侵蚀作用下的劣化机理也有诸多问题有待进一步研究，目前尚缺乏足够的工程经验与数据积累，因此，在使用本标准时，设计人员要结合工程重要性和环境条件等具体特点，充分考虑当地的实际情况，如有可靠的调查类比与试验依据，通过专门的论证必要时可以提高本标准的要求。"这段话的要点包括：一是环境侵蚀作用存在不确定和不确知性;二是目前尚缺乏足够的工程经验与数据积累;三是必要时可以提高本标准的要求。这段话很大程度否定了规范关于水利水电工程使用寿命的界定,使我们陷入一种不可知。在实践中这一规范也只是作为设计、质量检查监督和工程验收的规范,而没有作为工程退役、拆除、重建的依据。

表1　　　　　　水利水电工程合理使用年限　　　　　（单位:年）

工程等级	工程类别					
	水库	防洪	治涝	灌溉	供水	发电
I	150	100	50	50	100	100
II	100	50	50	50	100	100
III	50	50	50	50	50	50
IV	50	30	30	30	30	30
V	50	30	30	30	—	30

2. 现有研究支持水利水电工程可以做到长期使用

水利系统的科学家们对水利水电工程使用寿命问题进行了长期研究。水利水电工程长期使用最主要的制约因素主要有两点:一是水库泥沙淤积,二是混凝土寿命。对此,水利系统组织了两次综合研究:一是关于水库泥沙淤积。1958年,毛泽东同志提出:"(三峡)这样的千年大计工程,二三百年就淤死了,太可惜。"(来源于1992年新华出版社出版《林一山治水文选》)。此后,在林一山同志的组织下,原长江流域规划办公室进行了长达8年的研究,完成了《水库长期使用问题》报告,形成水库长期使用理论。这一理论经三门峡改造工程和葛洲坝工程运行检验,是科学的。二是关于混凝土寿命。1996年,长江科学院博士刘崇熙给全国政协副主席、民盟中央主席钱伟长写信,提出"三峡混凝土的耐久寿命预计50年",钱伟长同志将信转给了江泽民同志,江泽民指示,认真加以处理,要经得起专家推敲(来源2003年中国三峡出版社出版《众志绘宏图——李鹏三峡日记》)。时任国务院三峡工程建设委员会副主任、国务院三峡工程建设委员会办公室主任郭树言组织建材系统、水利系统专家对水泥的寿命问题进

第十五讲 关于水利水电工程使用寿命问题的探讨

行了系统研究。采用三峡施工用的水泥，在-20℃和40℃做冻融试验150次，结果表明，水泥结构、强度等各方面没有发生变化，保持原样。科研和论证结束后，郭树言同志向李鹏同志和江泽民同志报送了《关于三峡大坝混凝土耐久寿命问题认识的报告》。李鹏同志出版的《众志绘宏图——李鹏三峡日记》中摘录了郭树言同志的报告：

"水利部长江水利委员会长江科学院工学博士刘崇熙同志在《三峡大坝混凝土耐久寿命500年的设计构想》一文中，提出有关水利工程混凝土耐久寿命问题，指出'我国兴建的大量混凝土坝在运行10～30年后局部呈现严重病害，以致危及到大坝安全'"。文中提出了"三峡混凝土的耐久寿命，预计50年"的估计。

对此，我们与混凝土耐久性方面的专家进行了研究。大家认为，混凝土建筑物的耐久寿命有特定含义，系指建筑物在满足设计指标情况下正常运行而不必大修的年限。这类似于汽车发动机或飞机发动机第一次大修以前的使用期限一样，并不意味着到了这个期限发动机就要报废，而是须进行大修后再继续使用。例如，我国丰满大坝已运行50多年，中间经过大修补强，现仍在正常使用中；三门峡大坝已运行近40年，亦在正常使用中，而且混凝土强度还在继续增长；四川都江堰水利枢纽工程经过历代的修缮已运行2000年以上。

混凝土耐久性的影响因素十分复杂，由于其他因素难以量化，目前，国内外一般只用混凝土抗冻融循环次数来表示混凝土的耐久性。我国现行标准规定，冻融循环次数最高为300次。各地按环境温度不同还可选用50次、100次、150次等不同抗冻标号的混凝土。三峡工程大坝在设计时按设计规范，对外部混凝土冻融标准定为150次，内部混凝土为50次。至于冻融次数与建筑物耐久寿命之间的关系，世界各国目前都没有定论。由此分析，提出大坝耐久寿命50年、100年的说法是不确切的。

中国水利水电科学研究院也对混凝土寿命问题进行了长期研究。

中国工程院院士朱伯芳在研究分析各种因素对混凝土坝使用寿命的影响后指出，优质实体混凝土坝的使用寿命有可能为无限大，换言之，它有可能超长期服役。坝体内部钻孔取芯试验资料表明，坝工混凝土具有足够的长期强度，根据当前的筑坝水平，混凝土碳化、冻融和冲蚀等表面损伤可以控制在允许范围内，实体混凝土坝断面厚度较大，即使产生了一些表面损伤，完全可以在不影响大坝正常运用条件下进行修复，因此，优质实体混凝土坝可以长期服役。这与一般钢筋混凝土构件是完全不同的，我国是坝工大国，实现混凝土坝的超长期服役，对我国国民经济的长久发展无疑将发挥积极作用。

对于新建大坝，建议在坝型、结构、材料、施工和管理等方面采取较高标准，务使建成后可超长期服役。对在役实体混凝土坝，若目前质量较好，应加强管理和维修，实现超长期服役；如存在一些质量问题，可考虑适当改善，争取能够超长期服役。对在役单支墩大头坝，可考虑适当改造，使其可超长期服役。在役平板坝，难以长期服役，但可采取适当措施，例如，坝面加抗老化涂层，适当延长其使用寿命。

3. 历史上很多水利工程长期使用，效益显著

中国历史上一些著名的水工程：都江堰、灵渠、郑国渠等，历经2000多年，现在还运行良好，大家耳熟能详，这里不介绍了，讲讲近来很热门的两个水工程，简要分析其长期使用和拆除重建的原因。

石龙坝水电站是中国第一座水电站，位于云南省昆明市西山区海口街道螳螂川上游。1908年年末，由昆明商人招募商股、集资筹建，1910年8月21日，石龙坝水电站正式开工建设。来自江苏、浙江、广东等省以及云南省内玉溪、昭通、昆明等地1000多名工匠纷纷涌到石龙坝，克服前所未有的艰难困苦，用坚强的意志开启了中国水电建设的大幕。建设中，工程因地制宜就地取材，利用裸露岩石为建筑材料，牢固耐久；水渠、车间就地用石料加工成长条方石砌成。经过100多年风雨剥蚀，这些石材如今依然坚固完好。1912年4月12日，两台

240kW水轮发电机组建成发电,石龙坝水电站发出的电能源源不断地输送到昆明市区。从电站建成到新中国成立初期,该电站进行了6次扩建,发电机组均来自德国或瑞士。1935年,为解决旱季水源不足问题,建设了中滩抽水站和蓄水拦河坝,这是我国抽水蓄能电站的雏形。1957年第7次扩建时,电站进行了彻底改造,安装了我国哈尔滨电机厂自主设计制造的第一批3000kW机组,总装机容量达到6000kW。原有7台小机组拆除,无偿赠给云南省楚雄、文山、通海、元江、沾益、富源等地装用,支援地方工农业生产。

1988年,石龙坝水电站从通海县购回最初发电的240kW老机组1台,1989年,在第一车间复装最初发电的德国生产发电机、奥地利生产的水轮机。至此,全厂总装机容量达7040kW。2021年,电站复建第二车间,安装了320kW立式水轮发电机组,复建完成后总装机容量为7360kW,历经百年的石龙坝水电站,依然担当着提供清洁绿色能源的使命。2006年,石龙坝水电站被国务院批准列入第六批全国重点文物保护单位。2018年1月,这座百年电站又入选了首批中国工业遗产保护名录。另外,该电站还获评为中国红色文化教育基地、云南省爱国主义教育基地。

丰满水电站,位于吉林省吉林市境内的松花江上,1937年,日本侵占东北时期开工兴建,电站大坝坝高91m,坝长1080m,坝底宽60m,坝顶宽9～13.5m,坝体混凝土量$1.94×10^6m^3$。设计泄洪量$9020m^3/s$,设计洪水位为266m,形成的水库贮水面积550km^2,总库容$1.078×10^{10}m^3$,是当时亚洲规模最大的水电站。

日伪时期,水电站的修建持续了8年多时间,日本侵略者用强抓、骗招、征集等手段,掠夺劳动力数万人。绝大部分的中国劳工在日本监工、特务、警察的残酷虐待下,每天进行繁重艰苦的劳动长达十几个小时。他们吃的是橡子面,住的是夏季潮湿闷热、冬季寒冷彻骨的半地下式工棚,近万劳工被折磨致死,吉林城南丰满劳工纪念馆内的层层白骨就是见证。1938年4月，"江堤工场大暴动事件"发生，900多名劳工不堪凌辱，和日本监工菊地发生冲突，菊地受重伤，三分之二监工被打。此次事件后，劳工的反抗运动此起彼伏，从未停止。至解放时，丰满水电站没有完建。新中国成立后，党和国家领导人非常重视丰满水电站未完工程建设，"一五"计划将丰满水电站未完工程建设列为重点建设项目。1950年2月，苏联外交部正式派遣专家工作组到达丰满，根据我国提出的要求，采用先进技术改建大坝，采取补强加固措施，处理大坝缺陷，提高大坝整体稳定性。1951年，苏联电站部水电设计院为改建丰满水电站而编制的《第366号设计书》陆续完成。《第366号设计书》在丰满水电站修复续建工程中发挥了重要指导作用，除了恢复发电、加固大坝，更重要的意义在于防洪观念的强化。由于工程建设于特殊的历史时期，丰满水电站大坝设计与施工有严重的先天缺陷，虽经多年改造加固，但仍存在大坝混凝土强度低、整体性差，防渗漏、冻胀、溶蚀、洪水能力不足等隐患。

2012年10月，国家发展改革委下发《关于吉林丰满水电站全面治理（重建）工程项目核准的批复》，丰满水电站全面治理（重建）工程通过核准。10月29日，丰满水电站全面治理（重建）工程正式开工。该工程是按恢复电站原任务和功能的目标，在原址下游120m处新建一座大坝。在国际水电史上，进行百亿库容、百万装机、近百米坝高的大型水电站重建尚属首例。丰满水电站重建工程新安装6台20万kW混流式水轮发电机组，加上保留的两台14万kW发电机组，工程竣工后丰满水电站总装机容量148万kW。1、2、3号机组分别于2019年9月、10月、12月投入运营。自1号机组发电以来，丰满水电站累计发电量超过5.6亿kW·h。2020年4月28日，丰满水电站全面治理（重建）工程4号机组高质量投产发电。机组运行主要技术指标达到国际先进水平，比之前投产的3台机组进一步提升。

通过回顾石龙坝水电站、丰满水电站的建设和运行历程，我们很清楚地看到，设计、建设和运维也是影响水利水电工程使用寿命的重要因素。如果说石龙坝水电站是一个长期安全可持续运行典范的话，那么丰满水电站则恰恰相反，新中国成立后国家投入巨资维修加固，但由于该工程先天不足，最后不得不拆除重建。

二、以水利水电工程长期使用为目标，深化水利改革，推进水利高质量发展

1. 敬畏历史、敬畏文化、敬畏生态，树立水利水电工程长期使用、永续利用的理念

随着实践的深入，我们对水利水电工程的认识也越来越深入，越来越全面。水利水电工程是改造山河的工程，具有投资大，公共性强，公益性强，效益巨大，影响范围广、时间长、程度深、绝大多数不可逆的特点，这些特点要求我们对水利水电工程的建设与管理有更为长远、更为全面的考虑。我们要敬畏历史、敬畏文化、敬畏生态、树立水利水电工程长期使用、永续利用的理念；要向历史学习，传承古人的治水智慧；要向自然学习，返本开新，师法自然。从全国范围来看，像三峡工程、南水北调工程等特大型工程，在我们能够预见的未来，其功能作用都是巨大的、无可替代的，因此，对其设计、施工、运维都要按照长期使用、永续利用理念来进行。对于区域性的中小工程，我们也要秉持这一理念，因为这些工程对区域的作用和影响与大型工程是一样的。

2. 站在系统、流域、生态角度，重新审视水利规划，调整优化水利水电工程格局

新中国成立后，我国有两次水利水电建设高潮，一次是"文革"时期，一次是改革开放初期，两次大建设形成了现在小、散、乱的水利水电工程格局。我们要辩证地看待这个问题，一方面，这些工程在

不同的历史时期发挥了重要作用,另一方面,一些工程存在设计不科学、建设质量差、在整个流域中布局不合理、破坏生态环境等问题。我们不能苛责前人,但我们现在有条件、有能力对此进行调整和完善。要按照"确有必要、生态安全、可以持续"的原则,站在系统、流域、生态角度,重新审视水利规划,调整优化水利水电工程格局。

3. 改进病险水库改造和新建工程设计工作,加强工程建设质量管理

工程设计和建设质量是水利水电工程长期使用、永续利用的基础,要用长期使用、永续利用的理念指导工程设计和建设质量管理工作。修改或完善《水利水电工程合理使用年限及耐久性设计规范》,比如,关于混凝土保护层设计要求,明显不适应工程长期使用的需要;妥善处理工程长期使用与经济性的矛盾。在许多情况下,建筑物的长期使用与工程的经济性并不矛盾,合理的耐久性设计在造价不明显增加的前提下就能大幅度提高建筑物的使用寿命,使工程具有优良的长期使用效益。选择水泥时不能以强度作为唯一指标,不能认为强度高的水泥就一定好,由于结构混凝土的设计和质量检验习惯上仍以单一的强度指标作为衡量标准,导致水泥工业对水泥强度的不适当追求。提高水泥强度的主要手段只是增加水泥中的铝酸三钙与硅酸三钙含量以及提高水泥细度,导致水泥的水化速率过快,水化热大,早期强度发展过快过高,混凝土的微结构不良、收缩大、抗裂性下降、抗腐蚀性差。由于硅酸盐水泥的活性不断提高,水泥用量也随着混凝土强度等级提高而增加,加上追求早强效果,养护不足,这样强度提高了,耐久性却更差,越早强的混凝土,耐久性越差。混凝土早期强度越高,对混凝土长期性能越不利,在早期也越易开裂,抗腐蚀性更差,所以要慎用早强水泥。由于过分强调混凝土强度或为了保险而多用水泥会对耐久性带来不良后果。我们应吸取丰满水电站拆除重建的经验教训,加强工程建设全过程管理,在材料采购、施工工艺、施工质量监理监督、

员工培训等各个环节下足功夫，确保工程建设质量。

4. 改革水利工作管理体制机制，建立岁修制度

20世纪80年代，水利部领导就提出"把水利工作的着重点转移到管理上来"，但迄今为止，水利系统重建轻管的痼疾始终没有彻底消除。这一问题的形成既有宏观政治、经济环境的影响，也有本系统长期形成的路径依赖、路径锁定的原因。要按照十八届三中全会关于全面深化改革的总要求，持续不断地推进水利管理体制机制改革，实现水利管理体系和能力的现代化。

如前所述，都江堰、灵渠、郑国渠、石龙坝水电站和丰满水电站等水利水电工程，建设、管理、运行正反两方面的典型案例说明，保持水利水电工程长期、安全、可持续运行，最根本的一条经验是建立岁修制度。都江堰历经2200余年风雨，连年岁修不辍。石龙坝水电站，经历清朝、民国、中华人民共和国三代110年，110年间，管理人员换了多代，水电机组换了多批，但始终保持一支高素质的稳定管理团队，持续管理经营，发挥效益。

集中采取除险加固措施来保证水利水电工程安全运行是无法之法，投资大，运动式消缺，效果也不一定好，治本的办法还是加强管理，建立岁修制度。

要把建立岁修制度作为深化水利管理体制机制改革的一项根本制度；要改革水利投资体制，不断增加运维投资的比例；认真研究制定不同类别水利水电工程岁修的标准和定额；加强水利水电工程运维人才培养，不断提高工程管理水平。

5. 推进精细调度、联合调度

据中国水利水电科学研究院解家毕教授、孙东亚教授的研究，我国水利水电工程因为漫顶导致的水库溃坝占比接近一半。水库溃坝导致巨大的人员伤亡、社会经济损失和生态环境问题，要避免这种灾难，除前面所述改进设计、加强质量管理外，还要做好调度工作。

推进精细调度。现在要按照水利部的统一部署,做好数字孪生流域和数字孪生工程工作。要按照需求牵引、应用至上、数字赋能、提升能力的要求,以数字化、网络化、智能化为主线,以数字化场景、智慧化模拟、精准化决策为路径,以算据、算法、算力建设为支撑,加快推进数字孪生流域建设,实现预报、预警、预演、预案功能。

创造条件,开展联合调度。同一流域的水工程联合调度能发挥1+1>2的效果,提高水资源保证率和防洪保障能力。水工程联合调度管理是根据不同水工程特性及实际调度需求,每年编制汛期、蓄水期、消落期联合调度方案,通过科学调度,发挥各水库优势,增加水库群调节能力和调度灵活性,实现综合效益最大化。

长江水利委员会开展以三峡水库为核心,干支流控制性水库群、蓄滞洪区、河道洲滩民垸、排涝泵站等水工程的联合防洪调度,效益显著。当长江中下游发生大洪水时,三峡水库联合上游金沙江、雅砻江、岷江、嘉陵江、乌江等干支流的水库,以及清江、洞庭湖支流的水库,以沙市、城陵矶等防洪控制站水位为主要控制目标,实施防洪补偿调度。自2012年起到2019年,将调度对象扩展至水库、泵站、涵闸、引调水工程、蓄滞洪区,数量达到100座,范围由长江上游逐步扩展至长江上中游,最后至全流域。

6. 深化混凝土等主要建材侵蚀、耐久性和水库泥沙淤积等问题研究,为水利水电工程长期使用提供科技支撑

都江堰、灵渠、石龙坝水电站建设的主要材料是自然材料,其耐久性经受了时间的考验,但作为现代水利水电工程建设的主要材料——混凝土,其发明只有170年历史,其侵蚀机理和劣化作用的最终后果现在还不清楚。研究表明,水利水电工程建成后,混凝土内部仍然在发生物理化学反应,对这种反应的研究还不充分,对混凝土坚固性和耐久性的研究也有待检验。总之,混凝土作为一种"新建材",我们现在还不能充分把握,要进行长期的监测和研究。

水库泥沙淤积和调控问题，经过几代水利科学工作者的努力，我国研究水平处于世界领先地位，但仍然面临新的矛盾和问题：水资源利用、中小洪水调度和泥沙调度的矛盾、流域产沙发生重大变化、泥沙预测模型准确性、水利水电工程下游冲刷加剧，这些问题需要继续进行研究。

三、结论

水利水电工程使用寿命问题是一个长期争论的问题，是一个涉及水利工作指导思想的问题，是一个事关水利改革和高质量发展的战略问题。

第十六讲

水工程管理的理论和实践
——以三峡工程为例

（2022年3月28日）

20世纪80年代，水利部领导就提出"把水利工作的着重点转移到管理上来"，但迄今为止，水利系统对管理工作的关注相较于工程建设仍显薄弱，这在一定程度上制约了水工程管理理论研究的发展。笔者不揣浅陋，对这一问题做一点理论上的探讨，并结合三峡工程运行十余年来的经验，做一些初步的实践总结。

一、水工程管理的基本理论

1. 风险管理理论

关于风险管理理论，国内学者做了一些研究和介绍。1991年，加拿大率先将风险理念用于大坝安全领域。实践内容主要包括：要求大坝业主制定运行、维护与监测的手册（OMS）和应急预案（EPP），开展安全评价和复核等。其中OMS手册主要是指导水库的运行、检查、监测和维护工作，EPP文件主要用于指导水坝运行管理人员在突发事件时行动的程序和过程。

南京水利科学研究院大坝安全管理研究所大坝安全评估研究室副主任王昭升教授比较了传统评价和风险评价的区别与联系。传统评价认为，满足工程安全即满足下游安全；基于风险的评价认为，大坝安全是满足适度风险下的大坝安全。实践中,传统设计及运行良好的大坝很少发生溃坝事件,一般认为满足传统安全评价标准的大坝剩余风险是可接受的,但管理中还面临下游社会经济发展、运行方式转变、人为失误、恐怖活动、极端条件、工程老化等影响。因此,从社会经济发展与公共安全角度正确认识风险,实现资源优化、科学除险与可持续发展,应积极开展风险评价。风险评价可作为传统评价的增强工具、替代工具。

国家大坝安全工程技术研究中心副主任谭界雄教授分析了新时代水库大坝安全的新内涵,提出了全要素安全、全流域安全和全生命周期安全的理念。

2. 可持续发展理论

1987年,世界环境与发展委员会在《我们共同的未来》报告中,将可持续发展定义为:"既能满足当代人的需要,又不对后代人满足其需要的能力构成危害的发展。"这个对可持续发展的定义已被公众广泛接受并引用。1995年,党中央、国务院把可持续发展作为我国的基本战略,号召全国人民积极参与这一伟大实践。1997年,党的十五大把可持续发展战略确定为我国"现代化建设中必须实施"的战略。

我国人均淡水、耕地、森林资源占有量分别为世界平均水平的28%、40%和25%,石油、铁矿石、铜等重要矿产资源的人均可采储量,分别为世界人均水平的7.7%、17%、17%。而且,大部分自然资源、能源主要分布在地理、生态环境恶劣的西部地区,开采、利用与保护的成本高。资源条件的刚性约束已然成为我国可持续发展的巨大挑战。因此必须在可持续发展理论指导下加强水工程管理的各项工作,进一步提高资源能源的利用效率。

3. 复杂系统理论

水生态系统可分为淡水生态系统和海水生态系统。按照现代生物学概念,每个池塘、湖泊、水库、河流等都是一个水生态系统,均由生物群落与非生物环境两部分组成。生物群落依其生态功能分为：生产者（浮游植物、水生高等植物），消费者（浮游动物、底栖动物、鱼类）和分解者（细菌、真菌）。非生物环境包括阳光、大气、无机物（碳、氮、磷、水等）和有机物（蛋白质、碳水化合物、脂类、腐殖质等），为生物提供能量、营养物质和生活空间。因此可以说，水生态系统就是一个复杂的巨系统。

复杂系统理论就是要研究解决复杂系统中的共性问题，即复杂性问题。复杂性科学是建立在系统科学基础之上的，是对系统科学的发展和深化，而非线性科学中的许多理论和方法，是研究复杂性科学的有力工具。复杂系统一般具有开放性、不确定性、非线性、涌现性以及不可预测性特征，我们在管理水工程时，要考虑系统诸因子的状态和关系，并及时监测所采取手段的有效性并做出调整。

4. 上述理论的底层逻辑和实践要求

（1）深化对洪水的认识，对洪水实行分级管理。

人们的认识要从"征服洪水、人定胜天"向"人与洪水共处"转变。洪水是一种自然现象，而洪灾是人类开发江河冲积平原以后所产生的问题。具体地说，就是人类过度开发江河冲积平原，降低了江河大洪水、特大洪水时的蓄洪和泄洪能力，因此，自然要给予报复。对江河要做成有一定标准、有质量保证的防洪体系，但遇到大洪水、特大洪水时，要准备让出一部分土地和农田，给洪水以出路，从而确保人口密集的城市、重要的交通设施以及人民群众的生命财产安全。从经济学的角度，防洪工程要达到防御百年一遇洪水的标准，要付出相当的代价，如果标准再高，经济上就不合理。

（2）深化对水、河湖生态系统的认识，在修复河湖生态中发挥主体作用。

水是地球生态系统的主体，地球表面 71.8% 的面积是水。地球生命系统是水基生命系统，所有活体生物体内水的含量都超过 50%。河

第十六讲 水工程管理的理论和实践——以三峡工程为例

湖是地球生态系统的血脉,地球上的水通过河流从高处流到低处,再通过蒸腾作用、虹吸作用从低处回到高处,如此循环往复,形成水圈。要充分肯定水工程的作用,但也要承认水工程对水生态环境所造成的影响,要通过采取生态调度、控制水污染、退田还湖、退建还水、河湖连通、拆除违规等综合措施修复水生态。水资源的合理使用和调度是解决水灾害、水生态、水环境问题的基础,水利部门要发挥基础性作用、主体作用。

(3)认识水工程管理运行的复杂性,加强基础理论研究和应用研究。

基础理论研究是我们当前工作中的薄弱环节,搞工程的人不懂生态,搞生态的人不懂工程,造成工程与生态之间没有打通。水工程对于生态系统造成了什么样的影响,机理如何？我们现在不甚了了。水生态的保护与修复停留在模拟自然的阶段,缺乏理论的支撑。

(4)按照新时代的新要求,完善水工程管理的法规,重塑管理运行的流程。

现行的管理法规是以传统安全评价为基础制定的,仍然停留在单体水工程的自身安全管理上,这显然与生态文明观和习近平总书记"节水优先、空间均衡、系统治理、两手发力"治水思路有较大的差距,需要修改与完善。相应的,水工程管理运行的流程也要重新厘定。

基于上述理论和底层逻辑,我们提出现代水工程管理的基本理念"风险管理、精细调度、永续利用"。

一是风险管理。要全面分析评价水工程运行的常规风险和非常规风险。常规风险主要是水工程自身安全和水生态环境损害；非常规风险主要是极端条件、人为失误、恐怖活动、工程老化、运行方式改变及移民等因素造成的公共安全损害。要采取工程措施和非工程措施,确保工程本体安全,减小生态环境损害和公共安全损失。

二是精细调度。调度是实现水工程功能的基本手段,调度同样还是保证水工程运行安全、拓展水工程功能和效益的手段。调度得当，甚至还能延长水工程的使用寿命。精细调度的含义是以水文、生态环境这两项预测预报为基础，一年四季精心组织并实施调度。精细调度要求把防洪、发电、航运、调沙、中下游补水、梯级联合、生态等多种调度结合起来，一年四季精心安排。

三是永续利用。水工程寿命问题是一个值得思考的问题。四川都江堰、广西灵渠运行了2000多年，依然表现优异。关于混凝土寿命，中国科学院院士陆佑楣说，从第一锹混凝土到现在，没有听说过突然崩坏的问题。这就是说混凝土寿命仍然是一个未知数。基于这样的理由，我们认为水工程的永续利用是一个可以研究也应该研究的问题，一个好的水工程应与自然融为一体，成为自然的一部分，永续利用。

二、水工程运行管理的实践

我们提出"风险管理、精细调度、永续利用"的水工程运行管理理念，有以下几层含义：

第一，容忍风险但对风险的容忍是有限度的，而且对风险要有应对措施、安全预案。比如说，溃坝是我们不能容忍的，但遇到大洪水、特大洪水，要分蓄洪，就是可以容忍的。在这种情况下，要采取措施确保受淹地区人民生命安全，并对财产损失给予补偿。

第二，在确保水工程本体安全的情况下，调度是运行管理的主要工作。调度工作要建立新的理念，从防洪期调度转变到根据情况一年四季精细调度。

第三，我们提出"风险管理、精细调度、永续利用"的理念，并不排斥维持水工程运行的其他管理。比如，行政管理、人事劳资管理、经营活动管理，等等，只是为了突出水工程管理的核心业务。

第四，监测和信息化是实施水工程现代管理工作的基础。关于监测，我们强调两个方面：水文和生态环境监测。过去我们重视水文监测，现在要补上生态环境变化情况的监测。

下面，我们围绕水工程管理的核心业务展开论述。

（一）水工程安全管理

如果说传统的水工程安全管理是狭义的安全管理，那么基于风险评价的管理就是一种广义的安全管理，这种管理包括三个方面：水工程本体安全管理、生态环境安全管理、公共安全管理。

1. 水工程本体安全管理

水工程管理，一般包括三个部分的管理：主体工程、为配合主体工程发挥作用的部分、工程运行受影响的部分。我们把第二、第三部分分别叫做功能区和影响区。把第一和第二部分叫作水工程本体。以三峡工程为例，水工程本体安全管理包括枢纽安全管理和水库管理。

（1）枢纽安全管理。

枢纽管理部门必须按照设计要求和规范规程开展安全监测工作，监控枢纽安全性态，掌握运行规律，及时发现运行异常或者工程隐患，保障水工建筑物运行安全。同时，应根据枢纽的具体情况和特点，建立枢纽巡视检查相关规范或制度，包括管理职责、检查项目、检查频次、检查路线、记录格式、报告编制等内容。对于发现的枢纽缺陷，应及时分析原因和可能产生的危害，采用技术可行、经济合理的措施及时进行修复，确保缺陷处理的及时性和可靠性，保证枢纽结构完好，保障枢纽运行安全。

三峡枢纽由挡水建筑物、发电建筑物、通航建筑物三部分组成。三峡水利枢纽各项建筑物及设备按设计及2019年调度规程规定的条件与参数运用。特殊情况下需要超限运用时，应经原设计单位论证，并报主管部门批准。对各项建筑物及设备，应依据调度规程的要求，分别编制专门的管理操作规程。管理操作规程经审核发布后，作为建筑物及设备运用、检修的依据。要做好建筑物安全监测工作，及时整理分析观测资料并对安全状况做出评价,作为水库调度的依据(见图1)。

①挡水建筑物及运行安全管理。

中国长江三峡集团有限公司负责三峡水利枢纽建筑物等的巡视检查及安全监测,按照运行管理规程的相关规章制度执行。在非汛期,合理安排时间对水工建筑物进行全面检查,发现问题及时进行处理。泄洪时,应加强对水工建筑物的巡视检查和安全监测,并及时采集、整理、分析监测资料,发现异常或突变现象应分析原因,必要时采取相应措施。泄水设施按防洪调度、泥沙调度、发电和通航的要求控制运行库水位和枢纽下泄流量,做到安全、准确、可靠。正常运行期各泄水设施的安全运行管理和具体调度运用方式,应遵照各项建筑物及泄水设施闸门、启闭机等设备的管理操作规程执行。

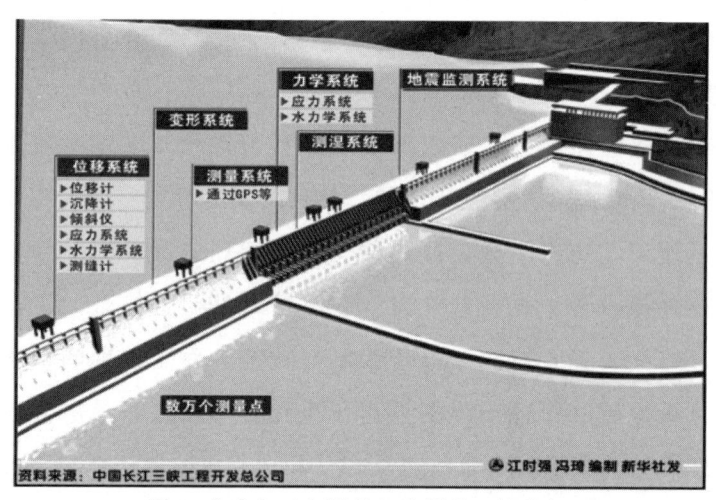

图1 成千上万个测量点监测着三峡大坝

三峡水利枢纽大坝安全管理。枢纽大坝设计洪水标准为1000年一遇,相应下游水位76.4m,大坝校核洪水标准为10000年一遇洪水加大10%。三峡枢纽工程由拦河大坝、水电站厂房、通航建筑物等组成,拦河大坝是混凝土重力坝,坝轴线全长2309m,坝顶高程185m,最大坝高181m(见图2)。

三峡茅坪溪防护坝安全管理。坝前水位不宜骤涨骤落,24h水位

第十六讲 水工程管理的理论和实践——以三峡工程为例

上升不超过 5.0m，24h 水位下降不超过 3.0m。加强大坝与两岸山体结合处、土坝坝顶和上下游坝坡有无渗漏、管涌、坍陷和滑坡等情况的检查，确保大坝安全运行。

图2 三峡枢纽工程布置图

泄水设施安全管理。三峡水利枢纽泄洪设施由 23 个深孔、2 个泄洪排漂孔、22 个表孔、8 个排沙底孔及电站机组组成，全部泄洪建筑物均有闸门控制。其中：

深孔：设计最低运用水位为 135.0m、正常运用水位为 145.0m。深孔弧形工作闸门不应局部开启运用。

排漂孔：1 号、2 号为泄洪排漂孔，可用于排漂或参与泄洪，运用水位为 135.0～150.0m 以及 155.0m 以上。3 号排漂孔仅当需要排漂时运用，不参与泄洪调度，运用水位为 135.0～150.0m。排漂孔弧形工作闸门不应局部开启运用。

表孔：正常泄流时排漂运用水位宜在 161.0m 以上。表孔平板工作闸门最高挡水位为 175.0m。闸门不得局部开启运用。

排沙孔：1～7 号排沙孔用于左右电站建筑物排沙运用，8 号排沙孔用于地下电站排沙运用。排沙孔运用水位为 135.0～150.0m，平板工作闸门不得局部开启运用。宜尽量少用排沙孔泄洪，必要时可在 150.0m 以下参与泄洪。排沙孔不过流时，应运用事故门挡水。

两孔冲沙闸：开闸冲沙的水位与流量组合为：三峡库水位 135.0～150.0m，下游葛洲坝坝前水位 63.0～66.0m；三峡枢纽总泄量 20000～35000m³/s。

冲沙闸仅用于通航建筑物航道拉沙冲淤运用，不参与泄洪调度，其设计最大冲沙流量为 2500m³/s。冲沙闸冲沙时可分级开启弧形门，平板门作为事故检修门，在不冲沙挡水期间，运用平板门挡水。

泄水设施泄洪运用开启顺序：机组、深孔、排漂孔、表孔。当需要减少下泄流量时，按上述相反的顺序关闭。深孔和表孔各孔开启泄洪顺序应满足在分布上保持均匀、间隔、对称的原则进行，关闭时按相反的顺序进行。不得无间隔地集中开启某一区域孔口泄流。运用深孔泄流，宜使各深孔的运行时间较均匀，不宜过分集中使用某些孔口。运用排漂孔泄洪时，首先运用2号排漂孔，再运用1号排漂孔，且宜少用1号排漂孔。3号排漂孔不参与泄洪调度。排漂运用时，可根据需要合理选择。蓄水期和消落期三峡库水位在170.0m以上时，采用先开启表孔后深孔的泄洪运用方式。表孔投入泄流运用后，宜启闭深孔来调节下泄流量。

泄洪设施的开启顺序为：首先由电站机组过流；机组过流量不满足要求时，先开启表孔泄洪；表孔全部开启泄量仍不足，或当水位170.0m以上且表孔下泄流量大于10000m³/s时，可开启部分深孔泄洪。

②发电建筑物及运行安全管理。

电站厂房校核洪水标准为5000年一遇，相应下游水位80.9m。

三峡地下电站安全运行要求：泄洪期间，预计尾水位超过校核尾水位80.9m时，应对交通洞和电缆廊道等采取封堵或防护措施，防止淹没厂房；地下电站排沙孔（8号排沙孔）运行时应对支洞及总洞的流态及压力分布进行监测，运用后应对孔壁进行检查，发现问题及时处理；在水位150.0m以下运行时，应加强进水口流态监测，并根据监测成果合理调度。

水轮发电机组安全运行：三峡电站机组运行的最大水头为113.0m；左岸电站、右岸电站、电源电站运行最小水头为61.0m；地下电站运行最小水头为 71.0m。机组开停机时应快速通过不稳定区。水轮机的安全、稳定运行范围根据采购合同确定的运行区间和实际运行情况拟定。若机组运行过程中振动幅度加剧时，采取减振、避振措施直至达到正常运行状况，否则立即停机。当发生较多发电机组紧急切机时，为避免大坝上游出现过大的浪涌及下游水位的急剧变化，须立即加大枢纽泄量，并及时通知三峡通航局（见图3）。

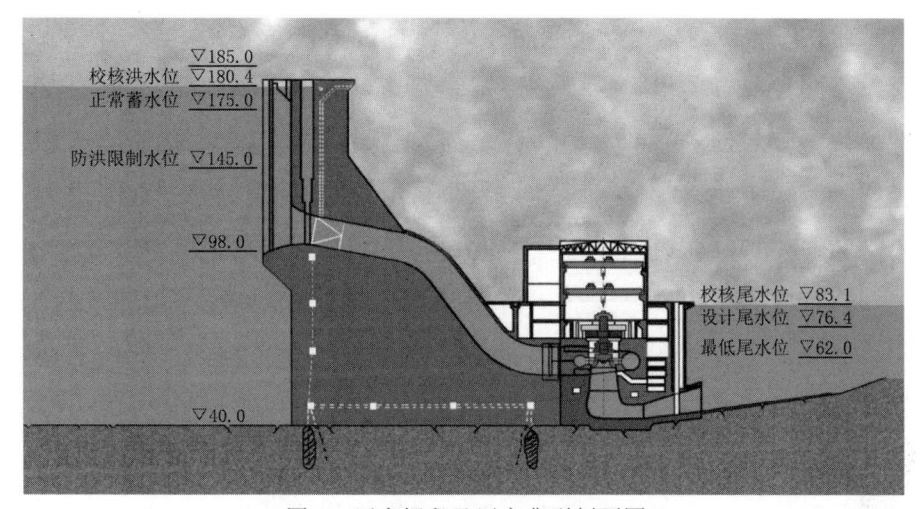

图3　厂房坝段及厂房典型剖面图

③通航建筑物及运行安全管理。

三峡通航建筑物及运行安全管理由三峡通航局负责管理。

三峡船闸安全运行要求：正常运行时，船闸第1闸首事故检修门处于备用状态。汛期库水位超过175.0m时，船闸用第1闸首事故检修门挡水，第1闸室充水至高程165.0m平压；当下游水位超过最高通航水位停航时，船闸第6闸首人字门敞开并锁定在门龛内，第5闸室的水位为下游水位；及时采集、整理、分析船闸建筑物以及高边坡安全监测资料，发现异常或突变现象，应分析原因，必要时采取相应措施。

三峡升船机安全运行要求：当三峡枢纽入库流量超过三峡升船机最大通航流量，升船机应停航，由上闸首事故检修门挡水；当三峡枢纽下泄流量超过三峡升船机最大通航流量，升船机应停航，将下闸首工作大门提升至最高位，必要时落放下游检修叠梁挡水；当三峡升船机下游引航道水位超过升船机最高通航水位，升船机应停航，落放下游检修叠梁挡水。

三峡水利枢纽通航水位运用要求：枢纽上游最高通航水位175.0m，最低通航水位144.9m。下游最高通航水位为73.8m，最低通航水位为62.0m，一般情况下，下游通航水位不低于63.0m。

通航安全管理。三峡水利枢纽水域的通航安全管理，应遵照相关法律、法规及有关规范性文件进行管理。三峡通航局按照交通运输部有关规定，对枢纽通航水域实行交通管制，停止通航建筑物运行或禁止航道通航。特殊情况下，水位或水位日变幅、小时变幅超出正常范围，应立即通知三峡通航局，由三峡通航局通知海事管理机构发布航行通（警）告和实施有关规定。严格执行《长江三峡水利枢纽安全保卫条例》。除公务执法船舶以及持有中国长江三峡集团有限公司签发的作业任务书和三峡通航局签发的施工作业许可证的船舶外，任何船舶和人员不得进入禁航区。对因机械故障等原因失去控制有可能进入水域安全保卫区的船舶，三峡通航局应当立即采取措施使其远离。对违反规定进入管制区、通航区的船舶，公安机关、三峡通航局应当立即制止并将其带离。对违反规定进入禁航区的船舶，人民武装警察部队执勤人员应当立即进行拦截并责令驶离；对拒绝驶离的，应当立即依法予以控制并移送公安机关处理。

在三峡库区及坝下近坝河段，当船舶发生海损、机损、搁浅、火灾事故，打捞沉船，航道水深严重不足影响通航，以及其他特殊水面、水下作业时，如果枢纽有能力调整流量和水位，由长航局提出需求，有关调度单位商定后，中国长江三峡集团有限公司尽可能予以配合。

（2）水库安全管理。

加强三峡库区库岸地质安全和移民安置区高切坡安全监测，加强对峡谷斜坡劣化等重大地质问题调查研究，及时消除安全隐患，落实

第十六讲 水工程管理的理论和实践——以三峡工程为例

应急处置措施,有效防治地质灾害。通过对三峡水库岸线、消落区、库容、漂浮物、网箱和拦网养殖、蓄退水安全等实施监督检查,督促落实相关管理责任和措施,有效保护库区生态环境和水质安全、库容安全。加强库区应急值守和巡库查险,确保三峡水库运行安全。

①地质灾害防治。

三峡库区地质条件复杂,是地质灾害高发区。历史上曾因山体滑坡崩塌多次阻断长江水道,如20世纪80年代发生的新滩滑坡和鸡扒子滑坡,造成千年古镇——新滩镇埋入江底,长江主航道断航10余天的重大灾难。三峡枢纽工程建成蓄水后,水位抬升百米,每年水库调度形成30m的水位涨落。大幅度的水位变化和城镇就地后靠迁建等人工因素的叠加,扰动了库区的地质环境,地质灾害防治面临巨大挑战。如何确保库区120余万移民、百余个城镇和长江航运的地质安全,维护库区社会经济可持续发展,成为三峡工程建设成败的重要关键问题之一。

国家将三峡库区列为地质灾害防治重点地区。1992年设立专项对变形加剧的链子崖危岩和黄蜡石滑坡进行了应急治理,成功地消除了严重威胁长江航道和巴东县城安全的巨大灾害隐患。三峡枢纽工程自1994年开工建设,特别是2001年以来,库区全面加强了地质灾害的防治,组织了雄厚的科技力量对重大地质灾害难题进行联合攻关,创新了地质灾害防治理论与技术方法,建立了系列技术标准,有力地支撑了库区地质安全和移民安置,并推动了地质灾害防治行业的科技进步。同时,汇集了来自全国各地的数百家地质灾害防治专业技术队伍和数千名科技人员,形成产、学、研、用相结合的技术优势,及时开展防治工程的勘查、设计、施工、监测预警工作。

三峡库区地质灾害防治工作按照"党中央集中统一领导、分省(市)负责、县(区)为基础"的管理体制,由上至下主要通过国土资源行业行政主管部门和三峡库区移民主管部门实施管理。

三峡水库蓄水多年以来，库区地质灾害发生情况总体好于预期。三峡库区地质灾害防治工程的持续实施，不断完善的地质灾害监测预警预报系统都发挥了应有的作用。随着三峡水库的持续运用，库岸再造过程将趋缓，水库蓄水诱发的地质灾害也将逐渐减弱。

一是地质灾害治理与避险搬迁相结合，有效解除了致灾隐患。累计实施滑坡、崩塌及危岩体治理270处，塌岸防护总长度51.7km，实施避险搬迁人口5.97万人，治理高切坡202.92万m^2，为库区居民提供了稳定可靠的安全保障。特别是在巴东县城黄土坡滑坡等重大地质灾害发生区整体避险搬迁，以及受蓄水影响人口及时避险搬迁取得显著成效，未发生一起因滑坡、崩塌、危岩体等重大地质灾害造成人员伤亡的事故。

二是监测预警体系不断完善，有效避免了因灾造成人员伤亡。开展重大崩塌滑坡和不稳定库岸的专业监测228处，以及全面覆盖库区范围的地质灾害隐患点群测群防4883处，10年间成功应对多次区域性特大暴雨引发的地质灾害。由于及时转移安置受影响居民，自2003年以来，三峡库区未发生一起因地质灾害造成人员伤亡的事故。

②岸线管理。

禁止违法利用、占用三峡水库岸线，对有安全防护需求的城镇岸段，实施库岸环境综合整治，对自然状态维持较好且无岸坡稳定问题的岸段，实施自然生态保留保护。

在工程治理中注重环境保护和生态修复，保证安全可靠、技术先进、自然和谐。根据三峡水库水文特征和地形地质条件，对反复受到汛期洪水淹没影响的高程较低区域，主要实施挡土墙、抗滑桩、生态混凝土护坡等工程措施，较高高程区域结合城镇周边滨江生态带建设，实施坡面天然植被保护与恢复、水生生境构建、滨江生态活动空间重建等生态措施，构建层次分明、错落有致的滨江生态景观，营造和谐的陆域立体休闲空间。

第十六讲 水工程管理的理论和实践——以三峡工程为例

加强水库管理范围内的水土保持，划定水土保持生态保护带，控制农药、化肥施用量，禁止乱砍滥伐和陡坡地开荒，严格执行水土保持"三同时"制度，控制、减少入库泥沙和面源污染，保护库区及坝下游河道区生态环境。

③消落区管理。

三峡水利枢纽库区土地征收线以下，因水库在库水位在175.0～145.0m之间调度运用出现的库区临时性出露的陆地（以下简称消落区），由三峡水库管理部门管理。未经有权限的三峡水库管理部门同意，任何单位和个人不得使用消落区（设置航标等公益性助航设施除外）。经核准使用消落区的单位和个人，应采取措施维护三峡水库生态环境安全，并在三峡水库蓄水前和主汛期到来前进行库底清理。因三峡水库调度给消落区使用者造成损失的，不予补偿。

三峡水库水位调度运用时应考虑库水位变化对库岸稳定的影响，不宜骤涨骤落。库水位涨落速率，按《三峡库区三期地质灾害防治工程设计技术要求》提出的对水库蓄水最大速率要求不超过3m/d，一般情况下库水位下降速率要求汛期不超过2m/d，枯水期为0.6m/d，5月25日以后至库水位消落到防洪限制水位期间按不超过1.0m/d控制。

三峡水库消落区土地属国家所有，在实践中，有关部门依法依规加强管理和保护。一是坚持以保留保护和生态修复为主、工程治理措施为辅，加强消落区生态环境保护和修复。二是严禁向消落区排放污水、废物和其他可能造成消落区生态环境破坏、水土流失、水体污染的行为。三是从严控制消落区土地耕种，严禁种植高秆作物和施用化肥、农药。四是加强消落区清漂保洁，保持消落区良好生态功能。五是进一步开展三峡水库消落区适生植物筛选、种质资源保存、不同立地类型及生态治理模式构建技术试点示范工作。

④库容管理。

三峡工程221.5亿 m^3 的防洪库容和165亿 m^3 的兴利库容是非常

宝贵的战略资源，按照水利部党组的要求，严格保护三峡库区的有效库容，严禁在有效库容范围内的干、支流筑坝拦汊、分割水面、兴建小水库和围垦，以及其他一切减少水库库容的行为，使其在最紧要关头发挥最关键的保障作用，让三峡工程有效发挥应有作用，成为长江流域防洪安全最坚实的中流砥柱。

2. 生态环境安全管理

（1）开工前的生态环境安全管理。

①开展了大量的科学研究工作。

三峡工程的生态环境问题备受社会关注，长期以来，国家组织了大量的研究工作。20世纪50年代、80年代原科技部、国家科技委员会就三峡工程建设中的难点问题组织了两次全国性的科技攻关，其中包括生态环境问题。长江水利委员会（原长江流域规划办公室）更是对三峡工程生态与环境做了长达50年的研究工作，范围涵盖了三峡工程库区及上游、中下游和长江河口。开展了长江流域规划和三峡工程设计论证工作，同时有针对性地开展了水文泥沙、水环境、水生生物、局地气候、陆生生物、移民安置、地质地震、人群健康、社会经济等数十个方面、近百个环境因子的基础研究，为以后的环境影响评价奠定了基础。

②开展了全面的环境影响评价。

1991年12月，中国科学院环境评价部和长江水资源保护科学研究所联合完成《长江三峡水利枢纽环境影响报告书》（以下简称《报告书》）编写工作。《报告书》从宏观、高层次上对三峡工程的生态与环境进行了系统总结，认为整个长江流域大部分地区的恶化趋势未能有效控制，即使不建三峡工程，也有综合治理的紧迫性。同时，也认为三峡工程对生态与环境的影响范围广、因素多、时间长、关系复杂、利弊交织。这些环境影响时空分布不均匀，并具有累积性和长期性，影响程度和空间上也有差异，有利影响主要在中游，而不利影响

第十六讲 水工程管理的理论和实践——以三峡工程为例

主要在库区。《报告书》的总体评价结论是：三峡工程对生态与环境的影响有利有弊，必须予以高度重视，采取有力措施并切实执行，可使不利因素减小到最低限度，并使已退化的生态与环境不致进一步恶化。如果给予长期连续的投入，可使局部生态与环境得到改善。对于当时人力难以控制和难以预测的生态与环境影响，应加强监测与预报，落实相应措施，使其危害程度与损失得以减轻。

针对三峡库区当时存在的环境问题，以及工程建设引起的生态与环境影响，《报告书》提出了一系列关于水环境、水生生态、局地气候、陆生生态、文物与景观旅游、人群健康移民、枢纽施工区、移民安置区、中下游平原湖区（洞庭湖、鄱阳湖、四湖）、长江河口等的环保措施。《报告书》明确提出重点对策措施如下。

一是搞好库区环境污染防治整体规划。

二是加强长江中、上游林业建设，做好水土保持工作。

三是加强珍稀濒危物种与资源保护。

四是加强文物保护和考古发掘工作。

五是优化水库调度，尽可能满足生态和环境保护与建设的要求。

六是三峡工程建成后，在发电收益中提取一定比例，建立三峡环境基金，用于生态和环境保护与建设。

七是继续开展三峡工程生态与环境科学研究与监测，建立、健全三峡工程生态与环境监测网络。

八是建立、健全三峡工程环境管理系统，制定和完善三峡工程环境保护法规。

九是加强环境保护的宣传、教育，提高环境保护意识。

十是建立三峡工程生态与环境监测系统。

③建设了三峡工程生态环境监测系统。

按照《报告书》和原国家环境保护局批复意见，国务院三峡建设委员会联合中国长江三峡集团有限公司建立了跨地区、跨部门、多学科、多层次的生态与环境监测系统，该系统涵盖污染源、水环境、农业生态、陆生生态、湿地生态、水生生态、大气环境、地灾、地震、人群健康等10个子系统，由28个重点站，近百个基层站或监测点组成，监测指标达2000多项。通过连续监测和分析研究，形成了不可重现的长时间序列的基础性资料和成果，保证了监测数据的系统性、综合性和连续性，为客观总结和评估三峡工程对生态环境的影响奠定了良好的基础。

（2）建设期生态环境安全管理。

①进行连续监测，发表公报。

1994年，三峡工程正式开工建设，自1996年开始，生态与环境监测系统对建库前后库区及长江中、下游和河口地区的生态与环境实行全过程跟踪监测，及时预测、预报。1997年起，由中国环境监测总站作为主编单位编制《长江三峡工程生态与环境监测公报》，由原国家环境保护局对长江三峡建设过程中的环境保护工作进行监督，检查并发布年度监测公报，以上监测工作为三峡工程建设和运行阶段工作以及三峡工程竣工验收生态环境评估奠定了坚实基础。

②对重点水生生物、陆生生物进行保护。

建设了一批保护区。根据三峡工程环境影响报告书和初步设计的安排，三峡工程生物多样性保护工程建设主要分为两大类，即陆生植物保护和水生生物保护。十几年来，国务院三峡建设委员会办公室相继组织实施了湖北宜昌大老岭植物保护区、湖北兴山龙门河常绿阔叶林自然保护区、古树名木保护、疏花水柏枝和荷叶铁线蕨抢救性保护等陆生植物保护工程，湖北宜昌中华鲟自然保护区工程和上海市长江口中华鲟自然保护区工程。

设立珍稀植物研究所，开展三峡特有珍稀植物迁地保护、植物繁育、植物回归与应用等保护工作。《三峡工程环境影响评估报告》中提到可能受影响的560种植物全部得到有效保护。截至2020年4月，迁地保护长江特有珍稀植物1006种2.4万余株，珍稀植物种质资源保存1006种，种子保存100余种，科学保存并制作珍稀植物腊叶和浸制标本600余种。论证阶段提出的可能因三峡库区蓄水灭绝的荷叶铁线蕨、疏花水柏枝，截至2020年年底，共计繁育5.5万余株。

对中华鲟等珍稀水生物种进行保护，采取珍稀鱼类养殖、人工增殖放流等措施扩大物种规模数量。三峡工程枢纽初步设计报告专门安排了珍稀鱼类放流项目和资金。2005年年初，农业部组织编制了三峡工程珍稀鱼类增殖放流实施方案，组织各有关单位和沿江各省市开展了珍稀鱼类和经济鱼类放流。截至2020年年底，中华鲟研究所连续组织开展中华鲟放流活动60余次，累计向长江放流中华鲟超过503万尾。圆口铜鱼、胭脂鱼、长鳍吻鮈（不含中华鲟）等长江上游珍稀特有鱼类累计放流逾178万尾。放流重要经济鱼类约2亿7000万尾。并加强了放流跟踪监督监测、效果分析评价等工作。

③实施"两个调整"，开展"两个防治"。

1999年，国务院决定对三峡移民政策实行"两个调整"。一是农村移民安置政策的调整，鼓励和引导更多的农村移民外迁安置，55.07万农村移民中，19.62万人走出三峡库区，到沿江、沿海及全国多个省市农村安置，有效避免了陡坡种植、毁林开荒；二是工矿企业迁建政策的调整，对污染严重、产品无市场和资不抵债的国有、集体企业，坚决实行破产或关闭。1632户搬迁工矿企业中，依法破产关闭924户、一次性补偿销号320户，对根除污染源和库区经济转型发展作出重要贡献。

2001年，国务院决定三峡库区实施"两个防治"。一是地质灾害防治，对崩塌体、滑坡、库岸不稳定地段、高切坡等，进行了工程治理、搬迁避让、预警监测和群众群测群防，成绩斐然，连续蓄水16年来，长达5700km的水库库岸，未发生一起人员伤亡事故。二是三峡库区及其上游地区实施水污染防治，沿江城镇建设了生活污水处理厂和垃圾填埋场，农村居民点建设了简易处理设施，基本实现处理设施全覆盖。根据 2015 年三峡移民工程验收报告成果，截至 2013 年年底，库区完成迁建县城（城市）污水处理厂 18 座，重点镇污水处理工程 78 个，配套污水管网 842.19km，污水处理设计能力 122.64 万 t/d；完成迁建县城（城市）垃圾填埋场 12 座，重点镇垃圾处理工程 81 个，垃圾处理设计能力 0.5 万 t/d，配套建设垃圾收集、转运等设施；建成农村居民沼气池 6.48 万口，畜禽规模养殖污染治理项目 40 个。

案例 1：三峡坝区污水处理厂位于三峡坝区左岸，占地面积 18.2 亩，采用 A^2/O 和前置厌氧改良型氧化沟处理工艺，主要对三峡坝区左岸及周边村镇生活污水进行收集处理，日处理能力为 1000m^3。2020 年，三峡坝区污水处理厂设备设施运行良好，全年共达标处理生活污水 96.25 万 t，无害化转运处置污泥 132.39t。

案例 2：太平溪污水处理厂位于太平溪镇许家冲村，占地面积 30.6 亩，采用奥贝尔氧化沟污水处理工艺，主要对夷陵区太平溪集镇、许家冲村、伍厢庙村、西湾村的生活污水进行收集处理，日处理能力为 2500m^3。2019 年 4 月，中国长江三峡集团有限公司接管运行以来，太平溪污水处理厂设备设施运行良好，达标处理生活污水 62.60t，无害化运转处置污泥 192.38t。

案例 3：枫箱沟垃圾填埋场位于三峡坝区右岸，采用卫生填埋方式对三峡坝区及垃圾填埋场周边村镇生活垃圾进行无害化处置。2020 年，垃圾填埋场共接收处置生活垃圾 2763.5t，处理并达标排放垃圾渗沥液 5043t。垃圾渗滤液在线监测设备运行正常，主要排放指标均满足《生活垃圾填埋场污染控制标准》（GB 16889—2008），为生产区域的正常运转提供有力保障。2020 年 12 月，枫箱沟垃圾填埋场完成基础设施零星完善主体工程，制定并发布《渗沥液处理设备运行管理手册》和《枫箱沟垃圾填埋场运行管理办法》，进一步规范运行管理，确保安全运行。

一系列防治措施的实施，有效减少了库区及上游地区污染物质的产生与排放，减轻了库区污染负荷，对库区的水环境保护发挥了重要作用。

④实施库底清理。

库底清理是三峡工程的一大特色，1997年制定的清库文件成为我国水电工程的首创。按照《长江三峡水库库底固体废弃物清理技术规范》《长江三峡工程三期蓄水库底卫生、建（构）筑物、林木及易漂浮物清理方案》《长江三峡水库库底卫生清理技术规范》等要求，三峡水库分期蓄水前实施了大规模库底清理。在三峡水库135m、156m、175m分期蓄水前，均按照国家颁布的有关规程、规范，对水库的库底进行了彻底清理，并通过了严格验收。

（3）运行期生态环境安全管理。

①改革监测系统，进行连续监测，发布公报和运行实录。

2005年和2009年先后两次对1996年组建的长江三峡工程生态与环境监测系统进行了优化完善，形成了涵盖水环境、污染源、水生生态、陆生生态、农业生态、河口生态、局地气候、地震、遥感、人群健康、典型区、三峡水库管理综合监测等方面的监测系统，系统由13个子系统、34个监测站、150余个基层站组成，建立了跨地区、跨部门、多学科、多层次的三峡工程生态与环境监测系统（见图4）。

开展动态监测是保障三峡工程安全运行和持续发挥综合效益的重要手段与支撑。2018年，国务院机构改革后，水利部三峡工程管理司负责指导监督三峡工程运行安全工作。2019年，结合三峡工程运行管理实际，对运行多年的三峡工程生态与环境监测系统进行了调整、优化、完善，构建了更为全面系统的三峡工程运行安全综合监测系统，由9个子系统、31个监测站组成。

三峡工程运行安全综合监测系统，从对影响生态环境状况的单一目标监测，转变为统筹加强三峡枢纽运行安全、水安全、水环境、水生态、水污染等多要素和指标的综合监测体系，监测系统的监测内容更为丰富，针对性更强；为水利部全面履行三峡工程运行安全指导监督职能、进一步加强三峡工程影响区的水环境、水生态、水资源"三水共治"提供有效手段和支撑；充分发挥水利行业及相关技术单位的专业优势，以有关部门和单位组织开展的相关监测工作为基础，注重应用新的水利监测技术手段，对三峡工程枢纽运行安全、水库蓄退水安全、中下游河道影响、泥沙、地质灾害、高切坡、库区经济社会发展等内容开展更全面的监测，并推进网络信息技术的应用，实现监督管理便捷化、综合分析服务化，适应水利科学进步发展的需要，更好地发挥对三峡工程运行安全综合管理决策的支撑作用。

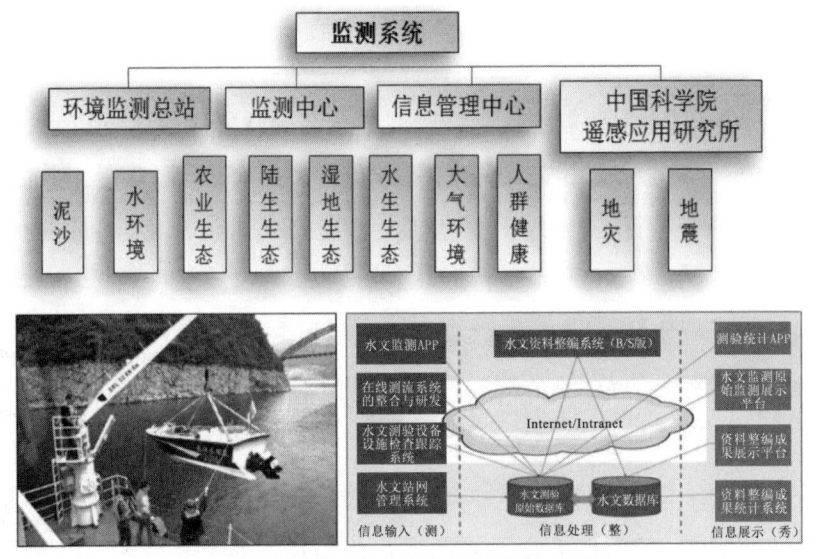

图4 三峡工程生态与环境监测系统

根据三峡水利枢纽工程规模与特点，针对库区生态环境保护要求及研究目的，生态环境监测系统主要对气象、大气环境、质量、水文、泥沙、水质、土壤、盐渍化、地下水、水生生物、陆生动植物及物种、资源、人群健康、山地灾害等开展连续监测与观测工作。

监测中心在监测系统各重点站提供的年度监测报告基础上，自1997年起每年编制《长江三峡工程生态与环境监测公报》，反映上一年度三峡生态与环境现状及变化,由国务院三峡建设委员会办公室和环保部审批后,向国内外发布。

自2013年起,中国长江三峡集团每年发布《长江三峡工程运行实录》,主要包括三峡枢纽建筑物、三峡水库运行实况、发电、航运以及生态环保等五个方面内容,全面、真实记录了三峡工程蓄水10年来的枢纽工程及水库运行情况。

②开展了大规模的植树造林活动。

三峡后续工作开展以来,共安排三峡水库生态屏障区植被恢复和生态廊道建设项目194个,总投资76.27亿元。截至2019年年底,完成造林260.57万亩,其中生态公益林180万亩、低效林改造46.1万亩、封山育林34.47万亩,三峡库区生态屏障区森林覆盖率超过50%,完成规划目标任务,三峡水库库周生态保护带修复效果显著,自然生态系统得以有效恢复,生态屏障功能逐步显现。

③清理漂浮物。

三峡水库蓄水后面临亟待解决的问题是漂浮物清理。三峡水库漂浮物一般集中在汛期,漂浮物主要来自流域上游范围内的地表覆盖植物、垃圾场及船舶废弃物,按其组成分为三类:农作物秸秆与地表植被、工业及生活垃圾、意外事故类漂浮污物。

2003年12月,国务院批转了原国家环保总局关于《三峡库区水面漂浮物清理方案》,明确了清漂的职责分工以及经费来源。随后,经有关方面协调,形成三峡水库清漂共识并达成如下协议:中国长江三峡集团有限公司委托重庆市组织长江干流重庆段漂浮物清理;委托湖北省秭归县环保局负责长江干流湖北段漂浮物清理,宜昌港务集团公司负责坝前漂浮物清理;委托长江三峡水文局负责长江涪石段(重庆市、湖北省分界段)漂浮物清理的监理工作。三峡坝前漂浮物全部由中国长江三峡集团有限公司直接打捞清理,清漂方式以大中型机械化清漂船自动打捞作业为主,同时辅以小型机驳船人工保洁作业。坝前漂浮物全部被打捞上岸并运送至华新水泥（秭归）工厂进行水泥窑高温焚烧无害化处理。

自三峡水库蓄水以来，由于政策引导和措施得力，湖北、重庆两省（市）高度重视，各有关部门密切配合，库区广大人民大力支持，三峡水库漂浮物清理问题得到了较好解决。据各区（县）市政、环卫部门初步统计，2008—2015年三峡水库试验性蓄水期间，库区各区（县）共清理水面漂浮物165.21万t（不含坝区、重庆主城区），其中：长江干流88.94万t，长江支流76.27万t；湖北库区13.65万t，重庆库区151.56万t。据中国长江三峡集团有限公司统计，2010—2020年，三峡坝前漂浮物累计打捞清理量为113.5万m^3。近年来，三峡库区漂浮物基本实现零排放（见图5）。

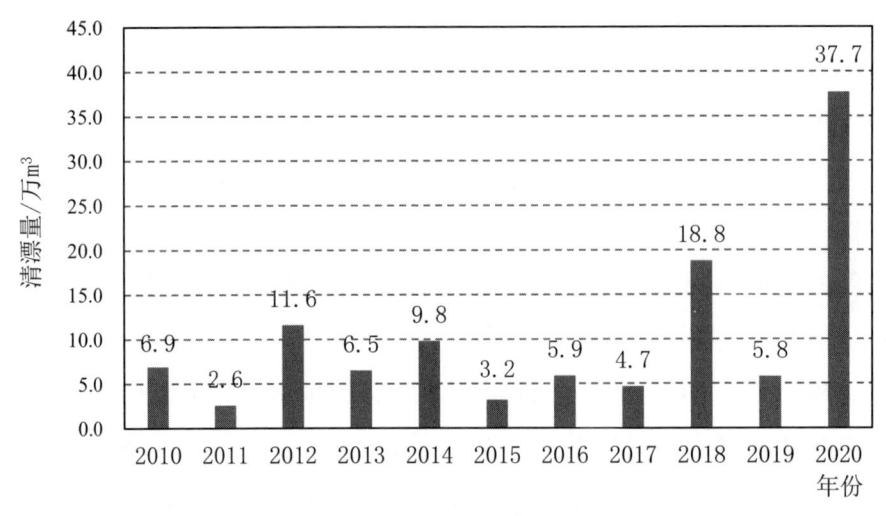

图5　2010—2020年三峡坝前漂浮物打捞清理量

④开展船舶流动污染防治。

库区流动污染源是水污染源之一，主要有四个方面，即船舶垃圾、船舶含油（主要是机器燃油、润滑油）废水、船舶生活污水和化学品船舶洗舱水。库区流动污染源主要来源于船舶运输，其中货船是污染水域的主要因素。

第十六讲 水工程管理的理论和实践——以三峡工程为例

为了有效防治船舶污染，解决库区船舶防污染关键技术，交通运输部联合国家发展改革委、建设部和财政部下发《关于三峡库区船舶垃圾处理收费有关问题的通知》；发布了《关于开展三峡库区围油栏布设工作的通知》，要求在进行散装油类、类油物质装卸、过驳等作业时应布设围油栏；下发了《三峡库区船舶垃圾转运和交接管理规定》《船舶污染内河水域环境管理规定》；开展了《三峡船舶污染现状评估及对策研究》《三峡库区船舶污染防治关键技术研究》，船舶污染物接收单位的监督检查。通过建立船舶污染管理制度、研究库区船舶防污染关键技术，设立水上环卫垃圾接收设施，加强监督与检查工作等系列措施，使船舶流动污染源防治工作开始走上规范化、法治化的轨道，初步控制了船舶流动污染事件发生，有效保护了三峡水库水质安全。

⑤加强新问题的观测和研究。

按照"共抓大保护、不搞大开发"的总体要求，持续开展三峡库区和长江中下游影响区的生态修复与环境保护重大问题研究。重点针对三峡库区部分支流富营养化和系统治理问题、有利于长期保持三峡有效库容的水沙调控问题、三峡工程运行后长江中下游河道冲刷及江湖关系问题、鱼类生长繁殖和水生生物多样性保护问题，以及长江中下游重点河段水生态水环境调度需求和调度方式等重大问题，开展深入分析和研究，及时促进相关成果转化和推广应用，提升科学管理能力和水平。强化移民安稳致富和促进库区经济社会发展关键技术问题研究，促进高质量发展。针对长江水运需求持续增长趋势，深入研究保障航运安全的重大问题，深化三峡水运新通道前期论证工作。

3. 公共安全管理

近年来人们越来越重视水工程管理中的公共安全问题。移民是水工程建设运行中公共安全管理的传统领域，现在大家更关注水工程特别是大坝工程对中下游的影响，主要有以下几个方面：清水下泄对中下游河槽、河堤稳定、航道、两岸供水的影响；中小洪水情况下，为预防更大洪水水库放水腾库；在极端条件下，漫坝或溃坝。

水工程管理中的公共安全问题涉及面广，影响到千家万户人民的生产生活，需要特别重视。

①抓好移民安稳致富工作。

三峡工程移民安置坚持开发性移民方针，实行国家扶持、各方支援与自力更生相结合的原则，采取前期补偿、补助与后期生产扶持相结合的方式，使移民的生产、生活达到或者超过原有水平。移民安置实行"统一领导、分省（直辖市）负责、以县为基础"的管理体制和移民任务、移民资金"双包干"。同时，为促进移民搬迁和库区经济社会发展，国家相继出台了一系列移民安置的支持政策。

1985—1992年，三峡工程移民安置开展试点。1993年移民安置正式开始连续实施。1997年11月完成90m高程以下移民搬迁安置并通过验收，满足了枢纽工程大江截流需要。2003年4月完成90～135m高程之间移民搬迁安置并通过验收，满足了三峡工程135m蓄水、通航和围堰挡水发电需要。2006年8月完成135～156m高程之间移民搬迁安置并通过验收，满足了三峡工程156m蓄水需要。2008年8月完成156～175m高程之间移民搬迁安置并通过验收，满足了三峡工程试验性蓄水至175m的需要。2009年12月底，初步设计阶段确定的移民安置规划任务如期完成。

至2013年12月底，三峡工程建设累计完成三峡库区城乡移民搬迁安置129.64万人，其中重庆库区111.96万人，湖北库区17.68万人。完成农村移民搬迁安置55.07万人（含外迁安置19.62万人）；县城（城市）迁建12座、集镇迁建106座，搬迁安置74.57万人（含工矿企业搬迁人口）；需要迁（改）建的1632家工矿企业都得到妥善安排，完成文物保护项目1128处，移民安置规划确定的滑坡处理、环境保护、防护工程、库底清理等任务已全部完成。

农村移民安置、城（集）镇迁建、工矿企业处理、专业项目迁（复）建、文物保护以及库底清理等都达到或超过了规划标准，实现了移民安置规划目标。移民搬迁后的居住条件、基础设施和公共服务设施明显改善；移民生产安置措施得到落实，生产扶持措施已见成效，移民生活水平逐步提高；城（集）镇迁建实现了跨越式发展，整体面貌焕然一新；专业项目复（改）建不仅全面恢复了原有功能，布局更为合理，而且复（改）建规模和等级也得到了提高，功能和作用已较淹没前有了较大程度的改善，有力保障了移民搬迁安置和库区经济社会发展需要，并经受了175m试验性蓄水运行的检验，库区社会总体和谐稳定。

三峡工程建设及其移民安置为库区经济社会发展带来了千载难逢的历史机遇，大大促进了库区经济社会快速发展：一是地区经济总量快速增长，地方财政实力显著增强；二是库区城镇化进程明显加快，城镇规模成倍增长；三是库区综合交通体系、供电能力、电网标准和等级、城乡供水综合生产能力、邮电通信、广播电视等基础设施大幅改善；四是促进库区城乡居民脱贫致富，收入水平逐年提高，生活质量日益改善，库区社会总体稳定；五是库区教育水平不断提升，卫生和文化体育事业蓬勃发展。

截至2020年年底，中央财政通过国家重大水利工程建设基金累计安排三峡后续工作专项投资768.90亿元，实施项目5522个。在持续实施三峡后续工作规划过程中，通过大力实施三峡库区城镇移民小区综合帮扶和农村移民安置区精准帮扶，库区移民生活设施不断完善，城镇移民小区房屋完好率超过92%，公共服务设施覆盖率由10年前的72.7%提高到81.7%。出行条件不断改善，道路覆盖率由10年前的9.4%提高到12.8%。就业能力和收入稳步提升，通过库区产业扶持累计解决约30万人口就业问题，平均可支配收入持续增长。通过实施外迁移民安置区项目帮扶，改善当地生产生活条件，促进了三峡移民与当地居民的融合发展。

②治理中下游崩岸。

对宜枝河段、荆江河段等冲刷较为剧烈的重点河段开展崩岸治理，对已经出现的新增崩岸险情进行了治理，累计完成崩岸治理长度279.53km，显著增强了河岸抗冲能力，避免了因崩岸险情引起的河势调整，有效保障了重点河段堤防安全和河势稳定，减轻了当地的防洪压力。

③开展航道整治。

及时修复受损毁的航道建筑物，完成高滩守护6.47km、疏挖1042.36万m^2，缓解了三峡工程蓄水运用对长江中游航运的影响，保障了长江中下游黄金水道安全畅通。通过"整疏结合"，长江航运基础设施日臻完善，促进长江航运货运量增长，为推动长江经济带发展和促进长江上游地区经济社会发展奠定了基础。

④改扩建水厂。

三峡后续工作实施10年多来，新建和改扩建水厂69座，增加日供水能力191.63万m^3；实施灌溉闸、泵改造147处，改善灌溉501.8万亩，改善了重点影响区城乡供水及农田灌溉取水条件，提升了相应区域城乡供水水质和供水保证率，使湖北、湖南、江西3省城乡供水及农田灌溉取水影响得到缓解，将近700万人口受益。

（二）水工程调度管理

调度是实现水工程功能的基本手段，调度同样还是保证水工程运行安全、拓展水工程功能和效益的手段。调度得当，甚至还能延长水工程的使用寿命。

初步总结，自2003年以来，三峡工程按照初步设计和实践要求，进行了以下十种调度：防洪、发电、通航、泥沙、中下游补水、生态、中小洪水、与其他水库（水工程）联合、跨流域水资源、应急等。

这十种调度方式有时是单独使用，有时是配合使用；某一种调度同时也兼有其他的功能和效益。

生态调度有广义和狭义两种概念，本讲采用的是狭义的生态调度概念，即促进水生生物生长繁殖的调度，三峡水库蓄水后，研究并不断实践了中小洪水拦蓄、汛末蓄水优化等调度措施，解决了三峡水库防洪、发电、航运和水资源利用等多目标优化调度关键技术难题（见图6）。

1. 防洪调度管理

防洪调度管理是指运用防洪工程体系中的工程及非工程措施，科学、有计划地控制调节洪水，最有效地发挥防洪工程的作用，尽可能地减少洪水灾害损失。

防洪是三峡工程的首要任务。工程论证和初步设计提出以荆江防洪补偿的调度方式为防洪运用的基本调度方式，并研究了兼顾对城陵矶防洪补偿的调度方式。《三峡水库优化调度方案（2009年）》明确了兼顾对城陵矶的补偿调度方式。中国工程院评估认为，兼顾对城陵矶的防洪补偿调度合理可行。

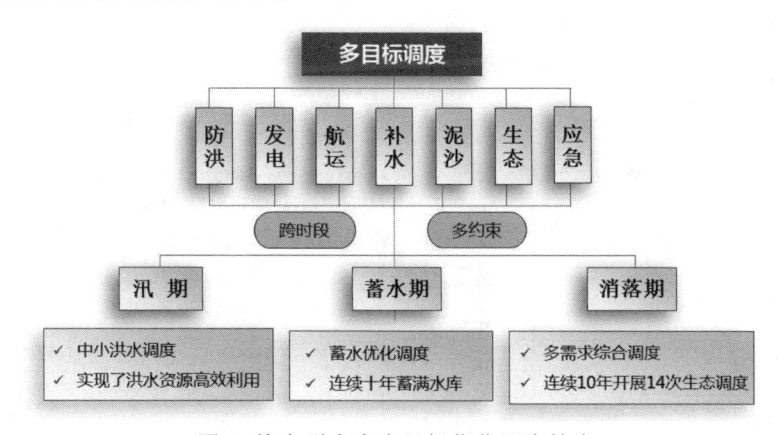

图6 特大型水库多目标优化调度技术

防洪调度应根据所在流域防洪调度方案和工程实际情况，每年编制年度汛期调度运用方案，汛期加强场次洪水的实时调度会商工作，保证枢纽工程和上下游防洪安全。同时，防洪调度管理应建立泄洪预警体系，保障防汛信息畅通，及时将泄洪信息通知相关部门。

三峡工程防洪调度依据年度汛期调度运用方案和防洪调度指令进行，并服从水利部和长江水利委员会的调度指挥与监督管理。年度汛期调度运用方案依据工程规划设计、长江防御洪水方案和长江洪水调度方案、三峡（正常运行期）—葛洲坝水利枢纽梯级调度规程以及当年的防洪形势、枢纽运行状况等，由中国长江三峡集团有限公司编制，经长江水利委员会审查同意后，报水利部批准（见图7）。

三峡水利枢纽入库流量不超过 $30000m^3/s$，且库水位在规定的汛期运用水位变动范围内，原则上由中国长江三峡集团有限公司负责调度；三峡水利枢纽入库流量超过 $30000m^3/s$，但枝城流量小于 $56700m^3/s$，或实施减轻中游防汛压力的中小洪水调度，由长江水利委员会负责调度；枝城流量超过 $56700m^3/s$，或需对城陵矶河段实施防洪补偿调度，由长江委提出调度方案，报水利部批准。

□ 避免库尾淹没

几百公里水库水面线不是"平"的，有"翘尾巴"现象。从而调度过程中要避免遇标准内洪水时出现回水淹没移民线、土地线。

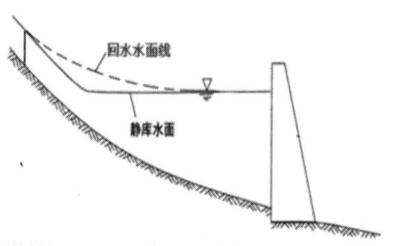

避免上游出现回水淹没的入库流量——坝前水位关系临界线

入库洪峰流量 /(m³/s)	控制不淹没移民线水库水位/m	入库洪峰流量 /(m³/s)	控制不淹没移民线水库水位/m
73600	145	63400	161
73000	146	62300	162
72400	147	60900	163
72000	148	59200	164
71700	149	57500	165
71400	150	55700	166
71000	151	53800	167
70600	152	51700	168
70100	153	49500	169
69400	154	47000	170
68700	155	44000	171
67900	156	41000	172
67000	157	37400	173
66100	158	32000	174
65200	159	24000	175
64300	160		

● 移民线：坝前177m + 库水位145m接汛期20年一遇洪水 + 库水位175m接汛后20年一遇洪水，3条线外包线组成。
● 土地线：同移民线，只是洪水标准为5年一遇。

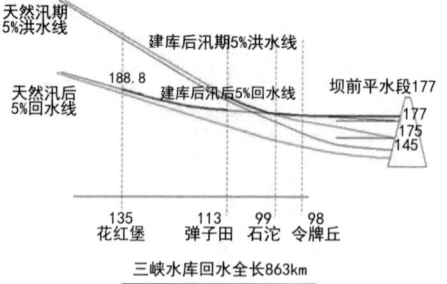

图7 防洪调试

三峡枢纽工程防洪调度的主要任务是在保证三峡水利枢纽大坝安全和葛洲坝水利枢纽度汛安全的前提下，对长江上游洪水进行调控，使荆江河段防洪标准达到 100 年一遇，遇 100 年一遇以上至 1000 年一遇洪水，包括 1870 年同大洪水时，控制枝城站流量不大于 80000m^3/s，配合蓄滞洪区运用，保证荆江河段行洪安全，避免两岸干堤溃决。此外，根据城陵矶地区防洪要求，考虑长江上游来水情况和水文气象预报，适度调控洪水，减少城陵矶地区分蓄洪量。当发生危及大坝安全事件时，按保枢纽大坝安全进行调度。

具体而言，当三峡水库已拦洪至 175.0m 水位后，原则上按枢纽全部泄流能力泄洪，但泄量不得超过上游来水流量；三峡水库调洪蓄水后，在洪水退水过程中，应按相应防洪补偿调度及库岸稳定的控制条件，使水库水位尽快消落至防洪限制水位，以利于防御下次洪水；在有充分把握保障防洪安全时，三峡水库可以相机进行中小洪水调度（见图 8）。

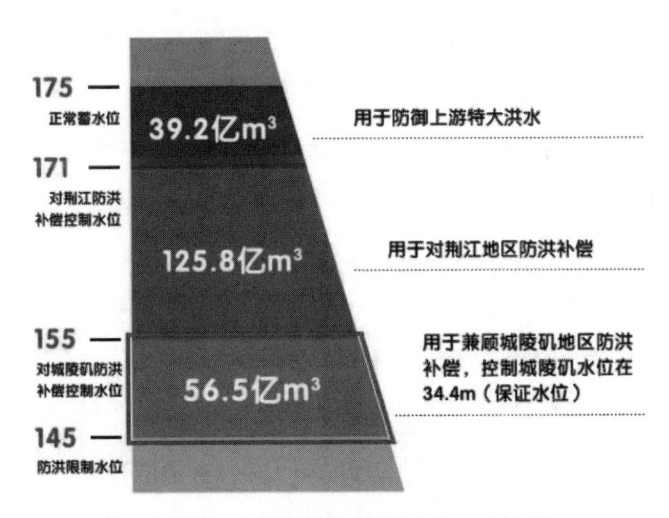

图 8　三峡水库防洪调度管理示意图

（1）三峡工程防洪调度方式。

①对荆江河段进行防洪补偿的调度方式。

1）对荆江河段进行防洪补偿调度主要适用于长江上游发生大洪水的情况。

2）汛期在实施防洪调度时，如三峡库水位低于 171.0m，依据水情预报及分析，在洪水调度的控制面临时段内，当坝址上游来水与坝址～沙市区间来水叠加后，且沙市站水位低于44.5m时，则在该时段内：

a.入库水位为防洪限制水位，则按泄量等于来量的方式控制水库下泄流量，原则上保持库水位为防洪限制水位；

b.入库水位高于防洪限制水位，则按沙市站水位不高于44.5m控制水库下泄流量，及时降低库水位以提高调洪能力。

当沙市站水位达到或超过44.5m时，则控制水库下泄流量，与坝址～沙市区间来水叠加后，使沙市站水位不高于44.5m。

当三峡水库水位在171.0～175.0m之间时，控制补偿枝城站流量不超过80000m³/s，在配合采取分蓄洪措施条件下控制沙市站水位不高于45.0m。

按上述方式调度时，如相应的枢纽总泄流能力（含电站过流能力，下同）小于确定的控制泄量，则按枢纽总泄流能力泄流。

②兼顾对城陵矶河段进行防洪补偿的调度方式。

1）兼顾对城陵矶河段进行防洪补偿调度主要适用于长江上游洪水不大，三峡水库尚不需为荆江河段防洪大量蓄水，而城陵矶（莲花塘）站水位将超过长江干流堤防设计水位，需要三峡水库拦蓄洪水以减轻该地区分蓄洪压力的情况。

2）汛期需要三峡水库为城陵矶地区拦蓄洪水，且水库水位不高于155.0m时，按控制城陵矶（莲花塘）站水位34.4m进行补偿调节，水库当日下泄量为当日荆江河段防洪补偿的允许水库泄量和第三日城陵矶河段防洪补偿的允许水库泄量二者中的较小值。

3）当三峡水库水位高于155.0m之后，一般情况下不再对城陵矶河段进行防洪补偿调度，转为对荆江河段进行防洪补偿调度；如城陵矶附近地区防汛形势依然严峻，视实时雨情水情工情和来水预报情况，可在保证荆江地区和库区防洪安全的前提下，加强溪洛渡、向家坝等上游水库群与三峡水库联合调度，进一步减轻城陵矶附近地区防洪压力，为城陵矶防洪补偿调度水位原则上不超过158.0m。

③减轻中游防汛压力的中小洪水调度方式。

当预报未来3天荆江河段沙市站将超过42.5m时，三峡水库可以相机拦洪削峰，控制沙市站不超43.0m，减轻荆江河段防洪压力，调洪最高水位一般按不超过148.0m控制；当上游及洞庭湖水系处于退水过程，且预报未来5天无中等强度以上降雨过程时，可进一步提高至150.0m。

当预报未来5天城陵矶（莲花塘）站水位将超过32.5m且预报未来5天三峡水库入库流量不超过55000m^3/s时，三峡水库可以相机拦洪削峰，减轻城陵矶附近地区防洪压力，调洪最高水位一般按不超过148.0m控制。

实施减轻中游防汛压力的中小洪水调度期间，若不满足以上条件或预报未来5天三峡水库入库流量将达到55000m^3/s时，应适时加大三峡水库出库流量，尽快将库水位降至防洪限制水位，做好按荆江河段或城陵矶河段进行防洪补偿调度的准备。

当三峡水库已拦洪至175.0m水位后，实施保枢纽安全的防洪调度方式。原则上按枢纽全部泄流能力泄洪，但泄量不得超过上游来水流量。三峡水库调洪蓄水后，在洪水退水过程中，应按相应防洪补偿调度及库岸稳定的控制条件，使水库水位尽快消落至允许的控制运行水位范围，以利于防御下次洪水。

（2）2010年防洪调度实践。

2010年汛期长江洪水主要有以下四方面特性：

一是洪水发生范围广。长江干流上中下游均发生了较大洪水，多条支流发生了特大洪水。干流上游寸滩江段发生超保证洪水，中下游监利、城陵矶、九江、大通和南京河段等都发生了超警戒水位的洪水，符合信江、湘江、丽水、乌江、嘉陵江、汉江等重要支流以及洞庭湖鄱阳湖区发生或多次发生超警戒或以上洪水。

二是涨水过程频繁。因流域内干流部分河段和多数支流反复发生洪水,涨水过程频繁。如洞庭湖、鄱阳湖两湖水系,6月底发生集中强降雨形成洪水,至7月上旬消退。而7月中旬,两湖水系再次因强降雨发生明显涨水过程。7月中下旬,长江上游干流、嘉陵江上游和汉江也多次出现涨水过程。7月中旬至8月,三峡水库出现3次大的洪峰。由于7月20日8时入库流量为最大70000m³/s。

三是洪水涨落迅速。长江上游发生的几次较大洪水,周围陡涨,陡落洪水。持续时间不长,因此峰高而量不大。中下游各控制站高水位均历时不长,汉口站、湖口站、大通站发生超警戒水位的时间分别仅为2天、27天和8天。

四是上游与中下游洪水未形成明显遭遇。虽然长江干流大埔江段和多条重要支流均发生超警戒以上洪水。有的河段水位超过保证水位或创历史最高纪录,但长江上游洪水与中下游洪水未形成明显遭遇,加之三峡、丹江口水库的削峰调洪调度影响。更大大减轻了中下游的防洪压力,干流沙市未出现超警戒水位。监利、螺山、汉口、九江、大通河段也只出现一般超警戒水位的洪水。

为应对主汛期长江洪水,三峡水库实施了五次拦洪调度,累计拦洪230多亿m³。

第一次在六月中下旬。两次集中强降雨先后导致两湖水系、多条河流出现超警戒水位。三峡水库于6月20日开始拦蓄长江上游洪水,以减轻中下游防洪压力,库水位抬高约5m,最高达到149.83m。拦蓄洪水20多亿m³。

第二次在7月中旬,由于上旬长江中下游地区发生集中降雨,水位迅速上涨。7月11日,三峡水库最大入库流量达38500m³/s。控制下泄流量32000m³/s。削减洪峰流量6500m³/s。库水位抬高约4.5m,最高达到149.60m。拦蓄洪水20多亿m³。

第三次在7月20—22日。三峡水库入库洪峰流量达7万m³/s。通过控制下泄流量，为下游防洪削峰约 3 万 m³/s。库水位迅速上涨。22 日上升至 158m，拦蓄洪水约 73 亿 m³。

第四次在 7 月 24—30 日。受长江上游嘉陵江等支流强降雨影响，24 日三峡入库流量开始转长，为腾空库容迎接新的洪峰。三峡水库加大下泄，26 日库水位最低降至 156.69m。28 日，高达 56000m³/s 的洪峰抵达三峡大坝。三峡水库控制下泄流量在 4 万 m³/s 左右，水位连续攀升，30 日凌晨 3 时达到 160.23m，创 2010 年汛期水位新高，拦蓄洪水约 24 亿 m³。

第五次在 8 月 21—27 日，受上游强降雨影响，三峡入库流量转涨。三峡水库按 25000m³/s 流量控泄，水库水位从 147m 开始上升至 160m 以上。综合考虑减轻库尾泥沙淤积，以及未来可能出现的降雨过程，8 月 27 日，三峡水库下泄流量逐步加大至 3 万 m³/s。之后，按 3 万 m³/s 控泄洪水，三峡水库拦蓄洪水 80 多亿 m³。

（3）2020 年防洪调度实践。

2020 年汛期，长江发生流域性大洪水，三峡迎来 9 次超过 35000m³/s 的洪水过程，包括 5 次编号洪水（洪峰流量超 50000m³/s），最大洪峰流量达 75000m³/s，为三峡水库建库以来最大入库流量。三峡水库总拦蓄洪量达 295 亿 m³。以下重点介绍 5 场洪峰流量超 50000m³/s 编号洪水调度过程（见图 9）。

1 号洪水：受 6 月 29 日—7 月 1 日长江上游、乌江、三峡区间大到暴雨影响，三峡入库流量从 6 月 30 日 14 时 29000m³/s 起涨，7 月 2 日 10 时涨至 50000m³/s，形成 2020 年长江 1 号洪水过程，7 月 2 日 14 时，洪峰流量达 53000m³/s。三峡库水位从 7 月 2 日 2 时 146.27m 起涨，最高蓄至 7 月 12 日 8 时 151.03m。

根据长江委调令，洪峰到达坝前时，三峡水库控制下泄流量 35600m³/s，削峰率达 32.80%，累计拦洪 24.90 亿 m³，下游沙市、城陵矶水位均未超警戒。

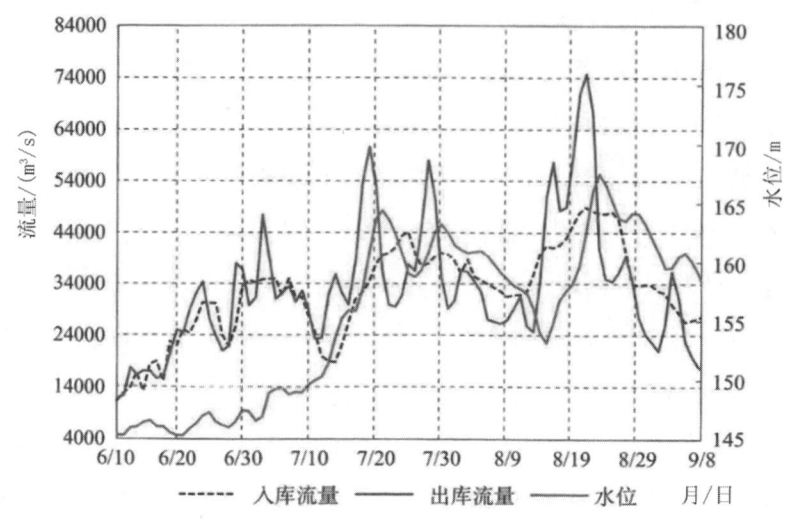

图9 2020年汛期三峡水库出入库流量及水位过程线

2号洪水：受长江上游流域金沙江、嘉陵江、乌江和三峡区间等区域强降雨影响，7月17日10时，三峡入库流量上涨至50000m³/s，形成2020年长江2号洪水过程，7月18日8时，洪峰流量达到61000m³/s。三峡库水位从7月12日8时151.03m开始起涨，最高蓄至7月21日8时163.84m。

三峡水库严格按照调令控制出库流量，洪峰到达坝前时，三峡水库控制下泄流量33000m³/s，削峰率达45.90%，累计拦洪88.20亿m³。

3号洪水：受长江上游流域强降雨影响，7月26日14时，三峡入库流量上涨至50000m³/s，形成2020年长江3号洪水过程，7月27日14时，洪峰流量达到60000m³/s。三峡库水位从7月25日14时158.58m开始起涨，最高蓄至7月28日20时163.10m。

三峡水库严格按照长江水利委员会调令控制出库流量，洪峰到达坝前时，三峡水库控制下泄流量38000m³/s，削峰率达36.70%，累计拦洪33.00亿m³。有效避免上游洪水与洞庭湖洪水遭遇，缓解了长江中下游防洪压力。

4号洪水：受金沙江下游、岷沱江、嘉陵江流域持续性强降雨过程影响，8月14日5时，三峡入库流量已上涨至50900m^3/s，形成2020年长江4号洪水过程，8月15日8时，洪峰流量到达62000m^3/s，随后承接下一轮洪峰。三峡库水位从8月14日12时153.03m开始起涨，最高蓄至8月16日14时156.92m，由于下一轮洪水随即到达，水库水位不断处于上涨状态。

三峡水库严格按照长江水利委员会调令控制出库流量，洪峰到达坝前时，三峡水库控制下泄流量41500m^3/s，削峰率达33.06%，累计拦洪25.65亿m^3。

5号洪水：受8月15—17日长江上游流域连续强降雨影响，长江上游多条支流岷江、沱江、涪江出现历史排位性洪峰流量，长江干流和嘉陵江洪水叠加，洪峰流量大，峰型宽胖。17日14时，三峡入库流量上涨至50400m^3/s，形成2020年长江5号洪水过程，20日8时，洪峰流量达到75000m^3/s，是三峡枢纽自2003年建库以来遭遇的最大洪峰。三峡库水位从16日14时156.92m开始起涨，最高蓄至22日8时167.65m。

三峡水库严格按照长江水利委员会调令控制出库流量，洪峰到达坝前时，三峡水库控制下泄流量49400m^3/s，削峰率达34.13%，累计拦洪81.89亿m^3（见表1）。

表1　　2020年汛期5次编号洪水三峡水库拦洪过程

洪水编号	水库	最高水位/m（出现时间）	最大入库流量/(m^3/s)（出现时间）	拦蓄量/亿m^3	削峰率/%
1号	三峡	151.03（7月12日8时）	53000（7月2日14时）	24.90	32.80
2号	三峡	163.84（7月21日8时）	61000（7月18日8时）	88.20	45.90
3号	三峡	163.10（7月28日20时）	60000（7月27日14时）	33.00	36.70
4号	三峡	156.92（8月16日14时）	62000（8月15日8时）	25.65	33.06
5号	三峡	167.65（8月22日8时）	75000（8月20日8时）	81.89	34.13

2. 发电调度管理

发电调度管理是根据电网下达用电需求，结合预报来水情况，科学制定发电计划及电站运行方式，确保水电站出力尽可能满足电网需求。

发电调度应根据供电需求，制定年度、月度等中长期发电目标，并根据电网实时需求，依据短期来水预报，制定水电站日发电计划，完成发电目标，同时积极与电网沟通协调，平衡电站出力与电网需求的关系。

三峡枢纽发电调度是保障三峡水电站的电能生产，发挥三峡工程经济效益的重要保障。三峡水利枢纽电站总装机容量22500MW，电站保证出力4990MW。其中坝后式电站装机台数为26台，单机容量700MW；电源电站装机2台，单机容量50MW；右岸地下电站装机6台，单机容量700MW。

按照发电调度服从电网统一调度的原则，三峡电站的发电运行由国网国调中心调度。当汛期出现大洪水，为满足泄洪要求，泄水设施全开泄洪时，电站参与泄洪，在保障电网安全运行的前提下，发电调度单位要尽力为电力外送创造条件。三峡电站根据电网需要进行调峰、调频运行时，应保障通航安全。

三峡枢纽发电调度的主要原则是，发电调度服从防洪调度、水资源调度，并与航运调度相协调。

三峡水库发电调度按水库调度图运行，主要规则包括：汛期6月中旬至三峡水库兴利蓄水前，水库维持防洪限制水位运行。当防洪需要水库预泄时，发电调度单位应配合做好发电计划；蓄水期，电站按照兼顾下游航运流量和生态、生产用水需求所确定的泄水过程发电放流，拦蓄其余水量，水库平稳蓄水至正常蓄水位。蓄水期设置加大出力区，实际运用中日间出力尽量平稳发电；枯水期，电站按不小于保证出力及水资源调度确定的下泄流量发电，并依照水库调度图的规定控制运行水位与出力。若水库已消落至枯水期消落低水位，一般情况下，按来水流量发电，若遇来水特枯，下游航运和用水需要加大泄量时，可适当动用155.0m以下库容通过加大发电出力进行补偿；三峡梯调中心根据入库流量预报和设备工况，编制三峡电站日发电计划建议上报国家电力调度中心，三峡梯调中心应将三峡枢纽的日下泄流量及时通报三峡通航局。实时调度中，遇水位和流量大幅变化时，应当提前通报三峡通航局，给船舶避让和港口安全作业留出合理时间。

三峡电站运行方式：

枯期：电站按调峰方式运行，允许调峰幅度根据不同流量级、机组工况和航运安全等因素综合拟定。电站日调峰运行时，要留有相应的航运基荷。

汛期：按来水流量实施不同发电方式，在保障通航安全的前提下运行。

实时调度中，中国长江三峡集团有限公司三峡水利枢纽梯级调度通信中心（以下简称三峡梯调中心）及时与三峡通航局互通调度相关信息（见图10）。

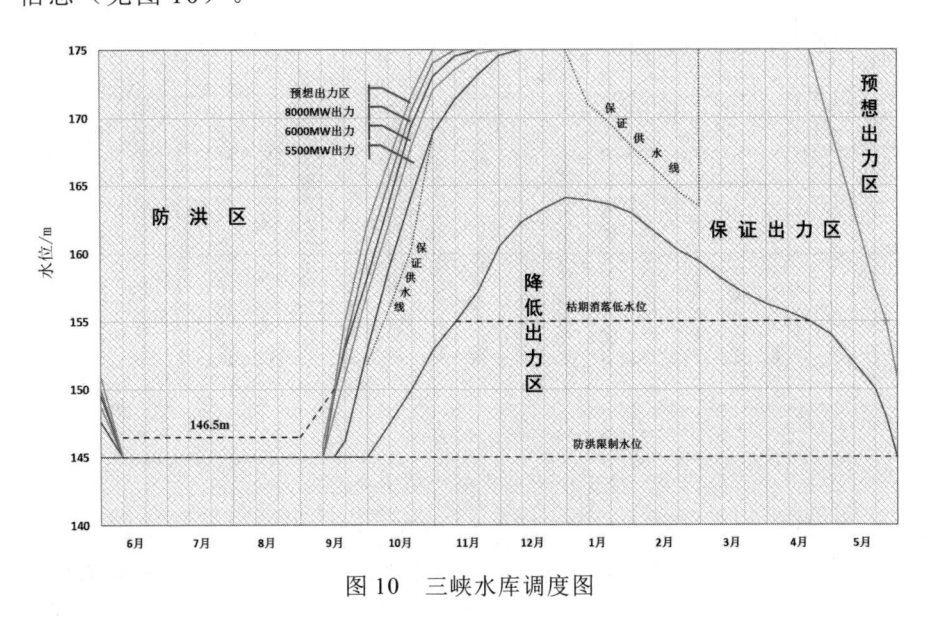

图10 三峡水库调度图

2003—2020年，三峡电站累计发电量为13991.93亿kW·h，有效缓解了华中、华东地区及广东省的用电紧张局面，推动了国民经济发展。三峡电站连续安全生产5251天，创国内700MW水轮发电机组电站连续安全运行天数的新纪录。

2020年，三峡电站年发电量1118.02亿kW·h，创单座电站发电量世界最高纪录。三峡电站全年安全生产保持良好态势，未发生生产安全责任事故、人身伤亡事故和设备事故，未发生安全事故瞒报、谎报、迟报事件（见图11）。

三峡电站承担电力系统的调峰、调频、事故备用任务。在试验性蓄水期间，采用汛期限制水位浮动运行、中小洪水滞洪调度、汛末提前蓄水等运用方式，也有利于提高发电效益。评估认为试验性蓄水期间实施的发电调度方式基本合理可行，今后应以保障电网安全稳定运行为目标，进一步发挥调峰调频效益，并在保证库区地质灾害治理工程安全的前提下，开展优化水库集中消落期水位日下降幅度限制条件的研究工作。

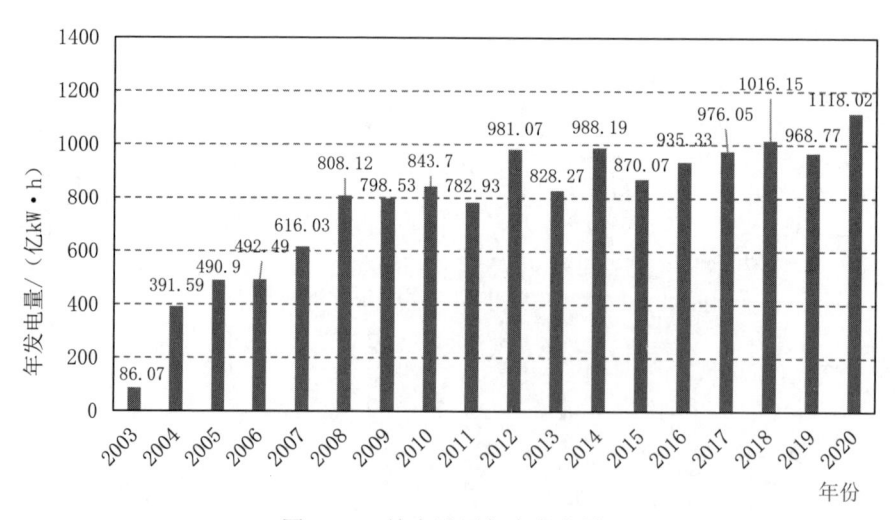

图11 三峡电站历年实发电量

3. 航运调度管理

航运调度管理是指运用科学的管理措施，保障枢纽通航设施的正常运用和过坝船舶安全、便捷、有序通过。

航运调度服从防洪调度、水资源调度,并与发电调度相协调。航运调度统筹通航航段航运要求,对航段船舶实行"安全至上、统一调度、分类控制、合理分流"的调度方式,保障船舶通行安全、畅通、高效、有序,实现通航效率最优化。

自三峡水库试验性蓄水以来,常年回水区的航道维护尺度总体上得到显著提升,航运条件大幅度改善;同时,由于水库大幅度抬高了枯水期消落水位至155m以上,使变动回水区的通航条件也有明显改善。重庆主城区河段2008年9月—2013年12月累积冲刷为874.7万m^3(含河道采砂影响),局部淤积虽对部分航段在集中消落期对通航产生一定影响,但通过加强观测、及时疏浚和维护管理,总体影响可控,且未影响重庆洪水位。三峡坝区泥沙淤积、河势变化和引航道水流条件与预测情况基本一致。坝下河床局部冲刷未危及枢纽建筑物安全。蓄水以来通过水库调节增加下泄流量,葛洲坝枢纽下游设计最低通航水位得到保证。

三峡船闸最大通航流量为56700m^3/s,闸室长度280m,宽度34m。三峡升船机设计最大通航流量56700m^3/s,承船厢长度120m,宽度18m。三峡船闸的运行管理主要是指,在枢纽工程安全和船舶安全的前提下,合理安排船舶通航、泄流冲沙、清淤、检修等各方面的工作,保证三峡船闸正常运行,充分发挥通航效益。

三峡工程航运调度遵循保障通航建筑物安全运行和船舶安全、便捷、有序过坝,统筹兼顾库区、坝区和中下游航运需求的原则,并服从长航局的调度指挥与监督管理。

三峡双线连续五级船闸及升船机实行船舶免费过闸。

下泄流量运用要求:三峡水利枢纽最大通航流量为56700m^3/s。三峡通航局可根据三峡入库流量预报或枢纽下泄流量,确定超过最大通航流量的停航时机。

三峡至葛洲坝河段航道水流条件应满足船舶安全航行的要求。三峡电站日调节下泄流量应逐步稳定增加或减少，汛期应限制三峡电站调峰容量，避免恶化两坝间水流条件。实际运行中如日调节产生的非恒定流影响航运安全时，应通过调整三峡和葛洲坝水利枢纽的出流量变化速度解决。汛期当流量大于 25000m³/s，且下泄流量日变幅大于 5000m³/s，由调度单位通知三峡通航局。

汛期当三峡枢纽上下游大量船舶积压时，航运部门可向水利部或长江委提出疏散船舶调度需求，在保证防洪安全的前提下，水利部或长江水利委员会可相机控制三峡下泄流量，为集中疏散船舶提供条件。三峡水库汛后蓄水运用要兼顾三峡库尾和葛洲坝下游的航道畅通，三峡水库下泄流量总体上应逐渐稳步减少。在下泄流量低于 12000m³/s 时，当日降幅大于 1500m³/s，三峡梯调中心应及时通知三峡通航局。三峡水库枯水期以发保证出力运行方式下泄发电流量，以利于葛洲坝枢纽下游航运的流量要求。遇特枯年份，水库要充分合理地使用兴利调节库容，在降低出力时，要兼顾葛洲坝下游最低通航水位的要求。三峡通航局应根据大江、三江航道实际水深，采取相应措施实施葛洲坝船闸优化调度预案，加强引航道的清淤工作和船舶过闸管理，尽可能保证船舶过坝。

过坝调度基本要求与基本原则：在保障工程安全和船舶安全的前提下，保证三峡通航建筑物正常运行，合理安排通航、泄流冲沙、清淤、检修等各方面的工作，充分发挥通航效益。进出三峡枢纽水上交通管制区通航水域的船舶须遵从《长江三峡水利枢纽水上交通管制区域通航安全管理办法》的规定，服从三峡通航局的统一调度。应贯彻交通发展规划，推进船舶标准化，船舶船型应适应通航建筑物尺度的要求，提高通过效率。三峡通航建筑物和葛洲坝通航建筑物实行统一调度，缩短通过时间，减少两坝间船舶滞留，保障船舶安全、便捷、有序通过两坝和两坝间。同时，应充分利用通航建筑物有效尺度，提高利用率和用水经济效益。三峡库水位高于150.0m漫上游隔流堤顶后，通航建筑物上游航迹带仍与库水位未漫隔流堤顶时一致。同时应设置通航标志，保障通航安全。当通航建筑物检修或其他原因造成过坝船舶滞留过多时，应及时启动应急措施，中国长江三峡集团有限公司应保证必要的过坝运输条件（见图12）。

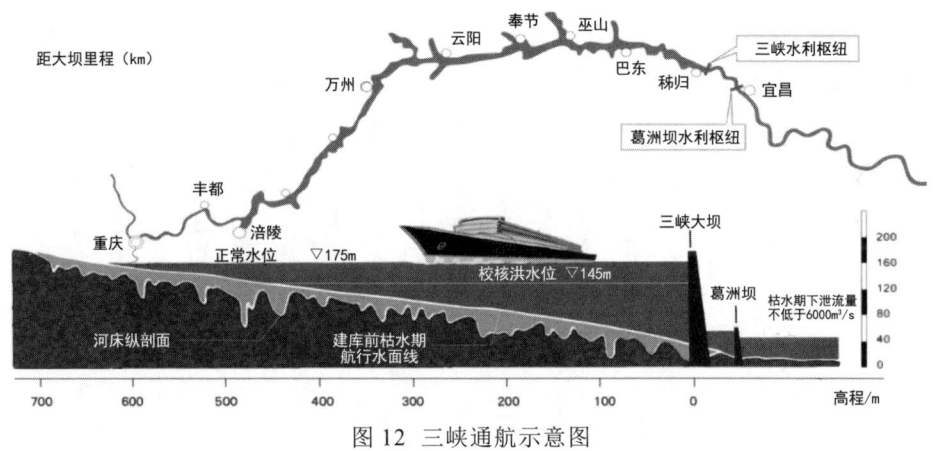

图12 三峡通航示意图

自2003年6月18日三峡船闸向社会船舶开放以来，按照"大修小修化、小修日常化"的理念，优化检修方案，改进工器具，应用新工艺、新材料，缩短检修工期，连续17年实现了"安全、高效、畅通"的通航目标。累计运行16.82万闸次，通过船舶89.44万艘次，旅客1223.18万人次，过闸货运量达到14.6亿t。三峡船闸历年过闸货运量（见图13）。

三峡船闸连续17年实现安全、高效运行，在促进长江航运和沿江经济的快速发展方面发挥应有作用，为长江经济带高质量发展提供重要保障。

（1）船闸、升船机运行方式。

三峡枢纽船闸的运行方式为：一是三峡船闸双线正常运行时，上行船舶从北线船闸通过，下行船舶从南线船闸通过，必要时可采用双线同向运行方式。二是三峡船闸单线运行时，采用单向过闸、定时换向的运行方式。根据三峡船闸上下游不同的水位组合，三峡船闸采取四级运行或五级运行。过船闸的船舶航速限制为：进出船闸的航速不得超过 1.0m/s，在三峡船闸闸室间移泊的航速不得超过 0.6m/s。

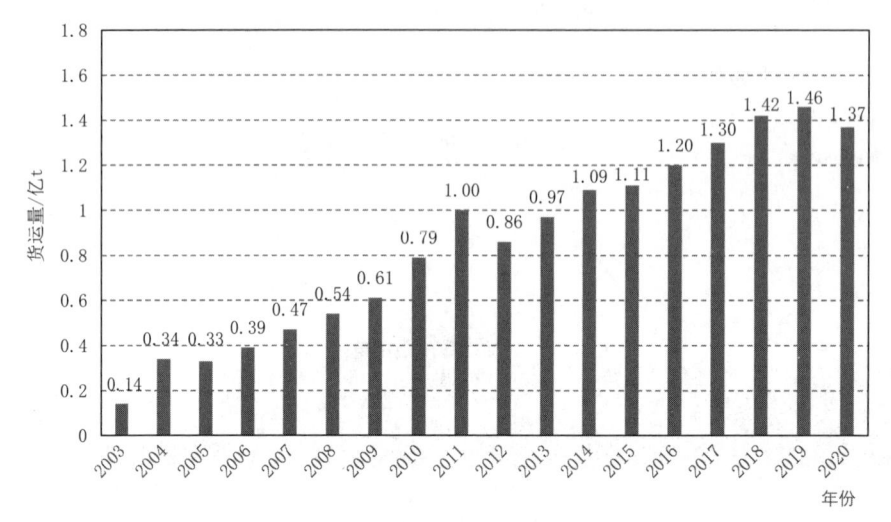

图 13　三峡船闸历年过闸货运量

三峡升船机为上、下双向通行，其上、下行工作流程一致。以上行为例，升船机设备的动作及船舶的移动依次为：船厢下降至船厢水位与下游航道水位齐平位置停靠下来，伸出安装在船厢下游端的间隙密封机构顶紧下闸首工作门，向船厢工作门与下闸首工作门之间的间隙充水，下游端船厢弧形门与下闸首卧倒门打开，船厢水域与航道水域连通，船只进入承船厢。然后，船厢门和下闸首卧倒门关闭，间隙水泄水，下游间隙密封机构退回。驱动机构启动，齿轮沿齿条爬行，船厢以 0.2m/s 的速度匀速上升，与此同时，驱动机构驱动安全机构；当船厢运行至上游航道水位时，船厢停车，间隙充水至与上游水位齐平，闸门开启，船厢水域与上游引航道水域连通，船只驶离船厢。一般来说，进出升船机及在船厢内行驶的航速不得超过 0.5m/s。船舶进升船机引航道速度不得超过 1.0m/s，出升船机引航道速度不得超过 1.2m/s。

（2）船闸、升船机保养和检修。

第十六讲 水工程管理的理论和实践——以三峡工程为例

根据《三峡船闸运行管理手册》《三峡升船机运行管理手册》，中国长江三峡集团有限公司统筹安排船闸设备设施检修、更新、改造工作。船闸、升船机计划检修需停止运行时，由船闸、升船机检修工程管理部门提出停航申请，三峡通航管理机构受理，并由下列机关按权限审批：不超过24h的，由三峡通航管理机构审核批准，并向长航局报备；24h以上至48h（含）以内的，由长江航务管理局审核批准，并向交通运输部报备；48h以上的，由长航局报交通运输部审核批准。

（3）2020年中小船舶疏散调度案例。

2020年汛期，三峡出库流量25000m³/s以上，三峡—葛洲坝两坝间船舶航行受限56d，三峡船闸和升船机因三峡入库流量大于56700m³/s或出库流量大于45000m³/s，停航合计5d，等待过闸船舶最高达近1200艘次。为疏散三峡江段因洪水期间流量大而滞留的中小功率船舶，三峡水库在确保防洪安全的前提下，于7月2—3日、7月16—18日、7月25—28日、8月1日、8月3—5日择机开展5次疏散船舶应急调度，累计疏散船舶1500艘左右。疏散调度增加了中小船舶适航时间，有效疏散滞留船舶，保障航运安全畅通，缓解上游能源供给紧张的局面，在维护社会稳定方面发挥了重要作用。

在试验性蓄水期间，航运调度保障了三峡枢纽通航设施的正常运用。中国工程院评估认为，现行的航运调度方式基本合理可行，即三峡至葛洲坝的两坝间河段航道水流条件应满足船舶安全航行的要求；蓄水期控制坝前水位上升速度，逐渐稳步减小下泄流量，10月下旬蓄水期间，一般情况水库下泄流量不小于6500m³/s，以满足坝下航道目前通航水深的要求。建议进一步研究优化航运调度与发电调度的协调，重视大坝泄洪、电站调峰对通航条件的影响问题，以及坝下河段还会进一步下切的问题。

4. 泥沙调度管理

泥沙调度管理是指运用泄洪排沙设施，科学、有计划地调控泥沙，使库区泥沙适时排出水库，以改善水库淤积分布，减少泥沙淤积量，延长水库使用寿命。

泥沙调度应根据所在流域泥沙具体情况和工程实际特点开展，调度方式包括异重流排沙、泄水冲沙、沙峰调度、库尾减淤调度等。

"蓄清排浑"是我国泥沙专家建设实践中总结出来的、行之有效的一种水库运用方式，在库区水体含沙量大的时候进行排浑，库区水体含沙量小的蓄清，可有效控制水库淤积量，保障水库有效库容长期保持。三峡水库的泥沙调度主要指通过"蓄清排浑"，利用枯水期上游来水以及汛期洪水，调节泥沙在库区内的运动，达到排沙减淤的效果。三峡水库的泥沙调度管理主要包括枯水期库尾冲淤调度和汛期沙峰排沙调度。

（1）消落期库尾减淤调度。

消落期，在协调综合利用效益发挥的前提下，结合水库消落过程，当上游来水和库水位利于库尾走沙时，可进行库尾减淤调度试验。

具体操作方式为，在每年 5 月结合库水位消落，实施库尾冲淤调度，将库尾河段淤积的泥沙冲至水库水位 145m 以下河槽内，解决水库汛末蓄水可能给重庆主城区河段走沙带来的影响。

2012 年 5 月 7—24 日和 2013 年 5 月 13—20 日进行了两次库尾泥沙冲淤，库水位分别从 161.92m 消落至 154.5m 和从 160.16m 消落至 155.97m，消落幅度分别为 7.42m 和 4.19m，日均降幅分别为 0.41m 和 0.52m，水库回水末端从重庆的大渡口附近（距大坝 625km）逐步下移至长寿附近（距大坝 535km），库尾河段沿程冲刷。重庆大渡口至涪陵河段（含 169km 长的嘉陵江河段）的泥沙冲刷量分别达到 241 万 m^3 和 441.3 万 m^3。

2015 年 5 月 4—13 日，三峡水库实施了库尾减淤调度试验，总计历时 10d。试验期间，寸滩平均流量 6320m^3/s，三峡水库水位累计降幅达 4.75m（坝前水位从 160.4m 逐渐消落至 155.65m），日均水位降幅0.48m。实测资料表明，水库库尾大渡口～涪陵段（含嘉陵江段，总长约169km）河床冲刷量为199.1万m³，其中，重庆主城区河段冲刷泥沙70.1万m³，铜锣峡至涪陵河段冲刷泥沙129万m³。

2019年减淤调度分为两个阶段：第一阶段为2019年4月3—20日，此间坝前水位以每天0.3m左右从165.19m消落至159.87m，寸滩站流量变化较小，平均流量约5600m³/s；第二阶段为2019年5月2—9日，此间坝前水位以每天0.4m左右从159.01m消落至156.64m，期间寸滩站流量变化仍较小，平均流量约6300m³/s（见图14）。

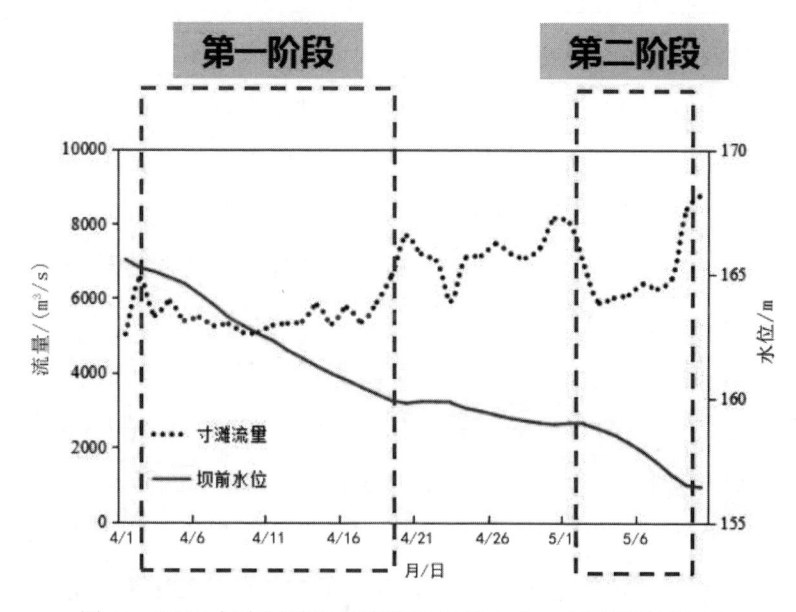

图14 2019年库尾减淤调度期间坝前水位、寸滩流量过程线

根据减淤调度前后固定断面观测资料成果，2019年减淤调度期间，重庆主城区河段共冲刷144.5万m³，其中主槽冲刷106.8万m³，边滩冲刷37.7万m³；涪陵～铜锣峡河段冲刷泥沙403.1万m³，其中主槽冲刷351.2万m³，边滩冲刷51.9万m³。

（2）汛期沙峰排沙调度。

汛期，结合水沙预报，当预报寸滩站含沙量符合沙峰排沙调度试验条件时，可择机启动沙峰排沙调度试验。开展水库泥沙调度试验前需编制库尾减淤调度试验方案、沙峰排沙调度试验方案，报长江水利委员会批准后，根据调度指令执行，结束后及时总结经验。

2012年7月，三峡水库在进行洪水削峰调度的同时，利用洪峰与沙峰传播时间的差异，采用"涨水控泄拦蓄削峰，退水加大泄量排沙"的方式进行了沙峰排沙调度，使7月的排沙比提高到28%，取得了较好的排沙效果。随后，在2013年7月、2018年7月、2020年8开展了三峡水库沙峰调度，单月水库排沙比分别为27%、31%、25%，远高于2008年175m试验性蓄水以来三峡水库平均排沙比18%。下面详细介绍2020年沙峰调度过程。

2020年8月11—13日、14—18日，长江上游嘉陵江、岷江、沱江等流域接连发生两次强降雨过程，降雨过程集中、强度大、范围广，寸滩以上区域累计面雨量96mm，大于"81·7"洪水的78mm，且强降雨带基本位于长江上游主要产沙区，导致三峡水库先后出现了较大的沙峰过程。

根据泥沙实时监测和预报成果，8月19日沙峰将到达坝前。8月18日16时起，三峡水库下泄流量由44000m³/s增大至49000m³/s，此后基本维持下泄流量在48000m³/s；为减轻长江中下游防洪压力，保障两坝间通航安全，27日8时三峡水库下泄流量逐渐减少至34000m³/s左右；9月4日下泄流量逐渐减少至27000m³/s左右（见图15、图16）。

调度期间，出库黄陵庙站含沙量连续11d大于0.5kg/m³持续天数为试验性蓄水以来第1位，出库最大含沙量达到0.931kg/m³，为试验性蓄水以来的第3位（第1位2018年1.33kg/m³，第2位2013年1.24kg/m³）。日出库沙量最大达340万t。按沙峰输移过程统计，三峡入库沙峰过程为2020年8月13—23日，对应入库沙量为12650万t，出库沙峰过程为8月17日—9月7日，对应出库沙量为3390万t。沙峰过程排沙比为27%，比试验性蓄水以来的平均排沙比高出9%。

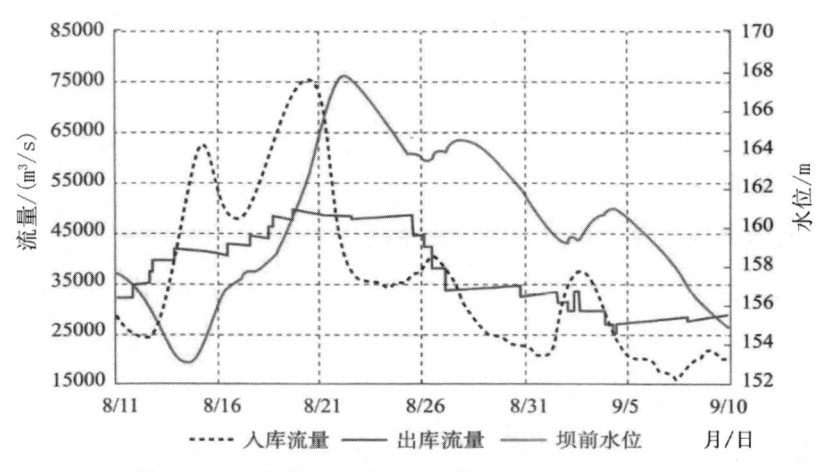

图 15　2020年长江4号、5号洪水三峡水库调度过程

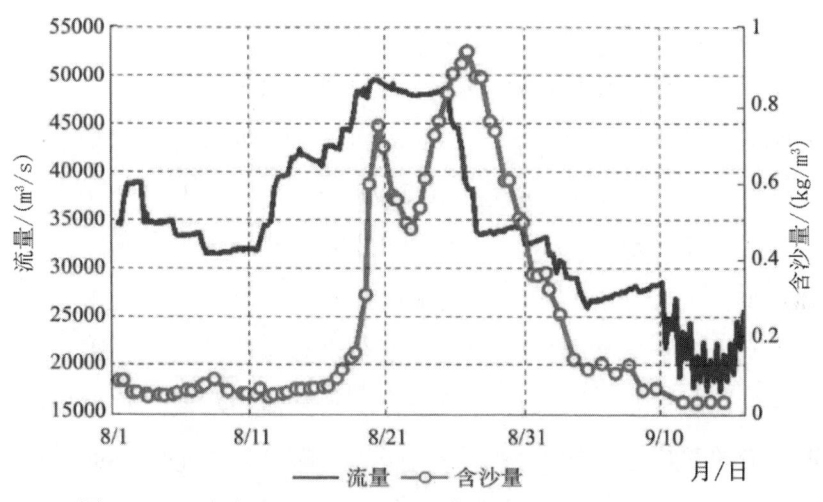

图 16　2020年长江4号、5号洪水黄陵庙站流量和含沙量过程

早在三峡工程论证阶段，就有人担心大量的泥沙淤积会影响工程效益，甚至将大大缩短三峡水库的寿命。有人还担心水库回水末端的泥沙淤积，会威胁重庆市的防洪和航运安全。连续多年的监测数据表明，三峡水库蓄水后的泥沙实测淤积量仅相当于论证预测值的40%，实际运行明显好于预期。

通过全面借鉴我国水库建设史上的经验教训，充分收集调研大量上游泥沙的实测数据，科研人员建立了一系列数学模型，对三峡水库的泥沙淤积趋势进行了多次模拟试验。大量研究结果表明，三峡水库采用"蓄清排浑"的运用方式，可以长期保持绝大部分有效库容，确保三峡工程长期安全稳定运行并持续发挥巨大综合效益。

"蓄清排浑"的运行方式，来自我国许多水库运行中的成功实践，可以有效减少水库的泥沙淤积量。由于三峡上游的汛期来沙量占全年泥沙总量的 70% 以上，"蓄清排浑"与三峡水库的汛期防洪作业并不冲突，反而有利于长期保持有效防洪库容。为了实现"蓄清排浑"的目标，三峡水库在整个汛期运行于较低的 145m 防洪限制水位，让流速、流量较大的汛期江水带走尽可能多的泥沙。汛期即将结束时，水库上游来沙量随之减少，水库便逐步蓄水到 175m 正常蓄水位。如果在汛期中遭遇大洪水，三峡水库必须进行库容调度以拦洪削峰，水库的泥沙淤积也将不可避免地增加。不过这种情况出现的概率很小，不会影响水库泥沙淤积的总体趋势。三峡水库是一座狭长的河道型水库，这一特点也对"蓄清排浑"运行方式较为有利。

三峡水库实现 175m 正常蓄水位蓄水以来，重庆主城区河段的淤积量很少甚至还有所冲刷。三峡水库蓄水并没有导致回水末端的累积性淤积，也不会抬高重庆的洪水位以至于影响防洪安全。在实施了重庆港区的优化调整、对部分河段进行航道整治和疏浚工程，三峡水库蓄水之后的重庆港航运保持了安全畅通。随着上游水库群的陆续建成并拦截泥沙，以及长江上游天然林保护、水土保持工作的推进，三峡水库的入库泥沙量将进一步减少。这种趋势使得三峡水库达到冲淤平衡所需时间大大加长。

从三峡水库蓄水后的实际运行结果可以看出，泥沙淤积问题不会影响三峡工程的效益发挥，更不会危及三峡水库以及上游重庆市的安全，三峡水库将能长期使用。

5. 补水调度管理

补水调度管理是在每年枯水期，根据来水情况，合理消落水库水位，向水库下游补水，以满足下游地区生产生活生态用水需求。

补水调度应结合来水情况和下游供水需求，按照水库调度规程相关规定，逐渐消落水库，改善枯水期来水不足情况，保证水库下泄流量，满足下游工业、农业、居民生活等多方面用水需求。

三峡工程在工程论证、可行性研究和初步设计阶段，规定其综合利用的功能为防洪、发电和航运三大功能，没有考虑其在水资源配置和水环境保护方面的功能。但是随着经济社会的发展，水资源保障和水安全问题日益凸显。2008年开始试验性蓄水后，立即着手研究水库优化调度问题，将水资源调度及对长江中下游的补水调度首先提上了议事日程。2009年10月水利部经与相关部委协调并报国务院批准，出台了《三峡水库优化调度方案（2009）》，在调度目标中明确规定"利用三峡水库的调节能力，合理调配水资源，努力保障水库上下游饮水安全，改善下游地区枯水时段的供水条件，维系优良生态"。此后，每年枯水季节，三峡水库都对下游进行200多亿m^3的补水调度，平均增加干流水深0.8m，为保证长江中下游生产、生活、生态用水发挥了重要作用。

自三峡水库蓄水以来，长江中下游河道冲刷总体呈现自上而下的发展态势，冲刷的速度较快、范围较大。冲刷主要发生在宜昌至城陵矶河段，该河段的冲刷量在初步设计预测值范围之内。全程冲刷已发展至湖口以下。目前坝下游河道河势虽然出现了一定程度的调整，甚至局部河段河势变化较大，但坝下游河道总体河势基本稳定。由于河道冲刷，崩岸比蓄水前有所增多，但大部分仍发生在原有的崩岸段和险工段。水库调节有利于提高坝下游河道枯水期的航道水深，但在汛后水库蓄水期和汛前集中消落期，局部河段会出现一些碍航问题。进入长江口的沙量显著减少，2003—2013年大通站年均输沙量为1.43亿t，比2002年前和1991—2002年分别减少了66.5%和56%，低于工程论证预期。河口河床冲刷也逐渐显现，但河口"三级分汊，四口入海"的总体格局尚未出现显著变化。

为了应对长江中下游干流以及洞庭、鄱阳两湖水位在三峡蓄水期快速下降的局面,在试验性蓄水期间调整了初步设计的水库蓄水进程和枯期调度方式。针对1—2月河口压咸、两湖补水等需求进行适当的补偿调度,对下游河段发生干旱灾害、重大水污染事件进行应急调度。

(1) 补水调度方式。

8月,除实施防洪或应急调度外,三峡水库日均出库流量尽量不小于18000m^3/s;当来水流量小于等于18000m^3/s,按来水流量下泄。

9月蓄水期间,当水库来水流量大于等于10000m^3/s时,按不小于10000m^3/s下泄;当来水流量大于等于8000m^3/s但小于10000m^3/s时,按来水流量下泄,水库暂停蓄水;当来水流量小于8000m^3/s时,若水库已蓄水,可根据来水情况适当补水至8000m^3/s下泄。

10月蓄水期间,一般情况下水库下泄流量按不小于8000m^3/s控制,当水库来水流量小于8000m^3/s时,可按来水流量下泄。11月和12月,水库最小下泄流量按葛洲坝下游庙嘴水位不低于39.0m且三峡电站发电出力不小于保证出力对应的流量控制。

蓄满年份,1—2月水库下泄流量按不小于6000m^3/s控制,3—5月的最小下泄流量应满足葛洲坝下游庙嘴水位不低于39.0m。未蓄满年份,根据水库蓄水和来水情况合理调配下泄流量。如遇枯水年份,实施水资源应急调度时,可不受以上流量限制,库水位也可降至155.0m以下进行补偿调度。

(2) 长江中下游抗旱超常补水。

三峡工程蓄水前的天然情况下,长江中下游每年11月至翌年4月上旬的枯水期,平均流量只有3000m^3/s,工农业生产和沿江城镇用水十分紧张,缺水城市近60座、县城150余座。三峡水库利用巨大的调节库容"蓄丰补枯",枯水期下泄流量一般为6000m^3/s,有效缓解了长江中下游工农业生产和沿江城镇用水紧张的局面。

2009年10月，洞庭湖、鄱阳湖地区出现严重旱情，三峡水库10—11月上旬连续加大下泄流量，有效缓解了两湖地区旱情。2011年长江中下游地区出现秋冬春夏四季连旱，旱情范围广、持续时间长，自5月7日—6月10日，三峡水库为中下游抗旱补水54.7亿 m³，对缓解长江中下游旱情发挥了重要作用。

（3）2020年补水调度实践案例。

2019年10月30日，三峡水库连续第10年成功蓄水至175m正常蓄水位。2019年11—12月维持高水位运行，按照调度规程要求，三峡水库下泄流量按照庙嘴水位不低于39.0m和三峡水电站保证出力对应的流量控制。2019年12月5日开始消落，起始水位174.63m。其中，2020年1—2月按照不小于6000m³/s控制，3—5月最小下泄流量按葛洲坝下游庙嘴水位不低于39.0m要求控制，以确保库水位逐步消落。消落过程中统筹兼顾航运、补水、电网保电、库岸稳定、生态调度实验等综合利用需求，6月8日消落至汛限水位145m。

整个消落期间，三峡水库平均入库流量7570m³/s，平均出库流量8900m³/s，累计为下游补水164天，补水总量229.24亿 m³，平均增加下泄流量1620m³/s。三峡水库枯水期补水调度有效改善了中下游地区的通航条件，同时也为沿江生产、生活、生态用水以及疫情期间用水需求提供了重要保障。

中国工程院评估认为，拓展水资源调度十分必要，现行调度方式基本合理可行，今后应进一步统筹考虑生活、生产、生态用水需求，继续优化相关的调度方式。

6. 生态调度管理

生态调度管理是指通过调度创造水生生物繁殖、生长所需的水文、水温等条件，减轻水工程对水生生物的不利影响，促进坝下江段及库区水生生物，特别是鱼类繁殖、生长，实现水生生物资源的有效保护。

生态调度应根据水生生物繁殖、生长所需条件，结合来水情况，每年编制生态调度方案，并组织实施调度。调度期间，做好监测工作，通过相关指标，客观评价生态调度的效果，总结经验，不断优化生态调度方案。

为创造适宜长江鱼类繁殖所需的水环境，中国长江三峡集团有限公司已连续多年开展溪洛渡—向家坝—三峡梯级水库生态调度工作，通过调整水库调度方式，使下泄流量、水温与上下游河段水生态和环境的需求在时空上实现"匹配"，持续减少或消除对生态环境的不利影响，促进鱼类增殖和改善水生态系统。

三峡工程于2011年开始针对四大家鱼（青鱼、草鱼、鲢鱼、鳙鱼）繁殖的生态调度试验。在四大家鱼繁殖期间的5月下旬至6月中旬，大坝下游河道水温达到18℃以上。结合汛前腾空库容的需要，根据上游来水情况，利用调度形成1～2次持续10天左右的涨水过程，将宜昌站流量11000m³/s作为起始流量，在6天内增加8000m³/s，最终达到19000m³/s，水位平均日涨幅不低于0.4m。生态调度试验监测结果表明，这对四大家鱼的繁殖产生了促进作用，使其在调度期间的产卵量显著增加。

2011—2020年，三峡水库共实施14次生态调度试验。2019年生态调度期间，长江四大家鱼自然繁殖对生态调度形成的人工洪峰有明显响应，其中宜都断面四大家鱼产卵总规模高达30亿粒，与1997年三峡工程大江截流前的水平相当。这表明，生态调度创造了适合鱼类繁殖的水文条件，可促进长江鱼类资源恢复。

（1）四大家鱼自然繁殖生态调度试验。

2020年5月23—28日，三峡水库联合溪洛渡、向家坝继续开展"人造洪峰"，促进下游四大家鱼繁殖的生态调度。调度期间，三峡出库流量从8160m³/s增加到13000m³/s，日均涨幅1210m³/s，并持续对宜都、江津等江段四大家鱼繁殖效果进行监测。监测结果显示，江津、宜都江段鱼类产卵量总规模约为5.33亿粒。

2011—2020年,三峡水库单独或联合溪洛渡、向家坝水库共实施了14次促进四大家鱼繁殖的生态调度,其中,2012年、2015年、2017年、2018年各实施2次,其余年份各实施1次。2011—2020年宜都江段生态调度期间,四大家鱼繁殖总量超过60亿粒,沙市江段生态调度期间,四大家鱼繁殖总量为10亿粒,四大家鱼资源量恢复明显(见图17)。

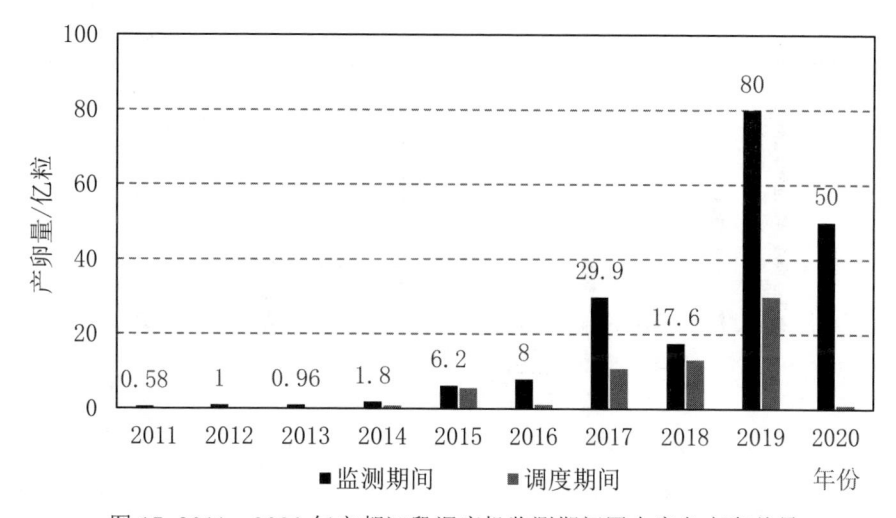

图17 2011—2020年宜都江段调度机监测期间四大家鱼产卵总量

(2)产黏沉性卵鱼类生态调度试验。

2020年5月1—5日,三峡水库首次开展针对产黏沉性卵鱼类繁殖的生态调度。产黏沉性卵鱼类鱼卵大多在浅水沿岸带水草上,若消落期水位下降过快,鱼卵露出水面,可能会影响早期孵化。实际调度中,水库可通过调节出库流量,控制每天水位下降的幅度小于0.2m,减缓库区水位消落速度,以提高沿岸带浅水水域的鱼卵成活率。调度期间,出现1次产黏沉性卵鱼类产卵高峰,未监测到因水位变幅过大导致的鱼卵露出水面现象(见图18)。

生态调度是水生态保护与修复的一个利器,值得深入研究和探讨。下一步,要在总结促进鱼类繁殖和抑制三峡水库支流水华等调度试验成果基础上，通过控制三峡水库下泄流量，调节模拟河流涨水过程，人工制造有利于四大家鱼自然繁殖的水文过程，为长江主要渔业资源自然生存和发展提供良好的生态环境。持续开展三峡水库及上游梯级电站联合生态调度实践，同步开展水生态、水环境监测，评价调度效果，维护河湖健康。将生态调度与河流生态保护目标有机结合，优化水库的蓄泄过程，并对生态调度效果进行监测评估。

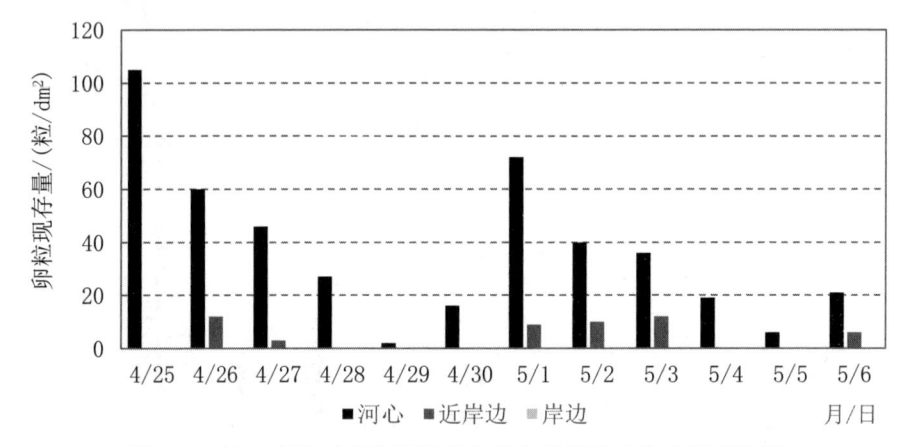

图18 三峡水库针对产黏沉性卵鱼类自然繁殖的生态调度监测

7. 中小洪水调度管理

中小洪水调度管理是指针设计标准洪水下的小洪水进行拦蓄削峰。以三峡水库为例，是指对 55000m³/s 以下中小洪水实施防洪调度，减轻水库下游江段防洪压力，提高洪水资源利用率。

中小洪水调度应按照水库调度规程要求，经行业主管部门同意后择机开展，在保证防洪安全的前提下，拦蓄洪水，充分利用洪水资源，提高水库综合效益。

在水利学上，中小洪水一般指20年一遇以下洪水。根据三峡工程的来流量推算，中小洪水所对应的洪峰流量应不大于72300m³/s。但由于荆江的防洪标准相对较低，因此，在不降低三峡水库对荆江大洪水的防洪标准、不增加中下游防洪负担的前提下，对三峡洪峰流量在30000～55000m³/s 的洪水进行拦蓄，称之为三峡工程中小洪水调度。

第十六讲 水工程管理的理论和实践——以三峡工程为例

三峡水库2009年汛期以来,依据水雨情预报,在荆江河段和城陵矶地区防洪压力不大,应中下游地方政府和航运部门的要求,多次对中小洪水进行了调度。2009—2017年汛期,三峡水库对洪峰流量在30000～55000m³/s入库洪水的拦蓄次数达到33次,占总蓄洪次数的82.5%,蓄洪量893亿m³,占总蓄洪量的73%。

由于中国长江三峡集团有限公司对超过八成的洪水进行了调度,引起了学界的关注。

中国长江三峡集团有限公司有关专家研究认为中小洪水调度有三大效益。一是防洪效益。如有超过42000m³/s(三峡流量)洪水不拦蓄,水库敞泄将使沙市站水位高于43m,中游沿线监测站也会超过警戒线水位。一旦汛期河道水位达到警戒水位,地方需要上堤查险,耗费大量的人力、物力,增加防汛成本。二是航运效益。三峡与葛洲坝之间由于河道狭窄、水流湍急,船舶按照不同的主机功率大小,在三峡下泄流量30000～45000m³/s实施限制性通航,下泄流量超过45000m³/s两坝间停航。中小洪水调度减少了禁航、停航时间。三是洪水资源利用效益。利用洪水资源可缓解后期蓄水和下游供水的矛盾。

但清华大学周建军教授认为:"三峡工程规划防洪目标是保荆江安全相应减轻中下游其他地区防洪负担,这种防洪原则可保证一般情况下长江自然洪水节律不变,是最大限度保证中下游防洪安全和生态健康的最佳选择。遗憾的是,现在三峡工程等的调度违背了论证确定的原则,不但使径流节律朝单一化方向发展,而且拦中小洪水显著加剧中下游河道冲刷。""消灭大洪水也使湖泊汛期持水量减少,水面缩小和湿地不能充分淹没,碟形湖和牛轭湖等水体与干流季节联动机制被破坏。"周建军教授建议:"要切实执行三峡工程规划确定的三峡工程防大洪原则,不拦中小洪水,不能只追求发电效益。"

中国工程院组织三峡工程第三方评估认为,应在不断总结防洪调度经验的基础上,深入研究论证中小洪水滞洪调度的条件、目标、原则和利弊得失，关注对下游防洪、河道行洪和库区泥沙淤积等方面的影响，制定调度方案，在确保安全的前提下，相机进行中小洪水调度，并建议每隔一定年份，在汛期条件允许的情况下，有组织、有计划地视水情选择适当时机控制三峡下泄 50000～55000m³/s 流量，以保持长江中下游河道泄洪能力及锻炼防汛队伍。

8. 水库群（水工程）联合调度管理

水库群联合调度管理是指根据不同水库特性，在实现水库群调度目标的前提下，拟定相互配合、总效益最佳的统一调度方式。

水库群联合调度应考虑不同水库间的水力联系，结合水库特点及实际调度需求，每年编制汛期、蓄水期、消落期联合调度方案，通过科学调度，发挥各水库优势，增加水库群调节能力和调度灵活性，实现综合效益最大化。

以三峡水库为核心，干支流控制性水库群、蓄滞洪区、河道洲滩民垸、排涝泵站等水工程的联合防洪调度。依托水工程调度方案和技术体系，构建以方案为基础、以预报为支撑、以专家会商为决策支持的水工程联合防洪调度管理模式。

长江流域干支流洪水遭遇复杂，按照联合调度方案，当长江中下游发生大洪水时，三峡水库联合上游金沙江、雅砻江、岷江、嘉陵江、乌江等干支流的水库，以及清江、洞庭湖支流的水库，以沙市、城陵矶等防洪控制站水位为主要控制目标，实施防洪补偿调度。

自 2007 年汛期发布三峡水库第一张调度令至今，长江流域逐步发展和实践了以三峡水库为核心，干支流控制性水库群、蓄滞洪区、河道洲滩民垸、排涝泵站等水工程的联合防洪调度。在开展大量调度专题研究并取得丰硕成果的基础上，2012 年开始，长江水利委员会组织编制了年度长江流域水工程联合调度运用方案。随着研究的深入和水工程建设的推进，纳入联合调度的水工程范围逐年扩展，并结合实际洪水的调度经验，不断修订并细化工程联合调度运用方式、拓展水工程调度目标，从单一防洪为主到在确保防洪安全的前提下统筹考虑生态、发电、航运等多目标调度需求，使调度方案日趋完善。自2012年起到2018年，纳入联合调度的水库数量由最初的2012年10座，逐步扩展到2013年17座、2014—2016年21座、2017年28座和2018年40座，2019年首次将调度对象扩展至水库、泵站、涵闸、引调水工程、蓄滞洪区，数量达到100座，范围由长江上游逐步扩展至长江上中游最后至全流域（见图19）。

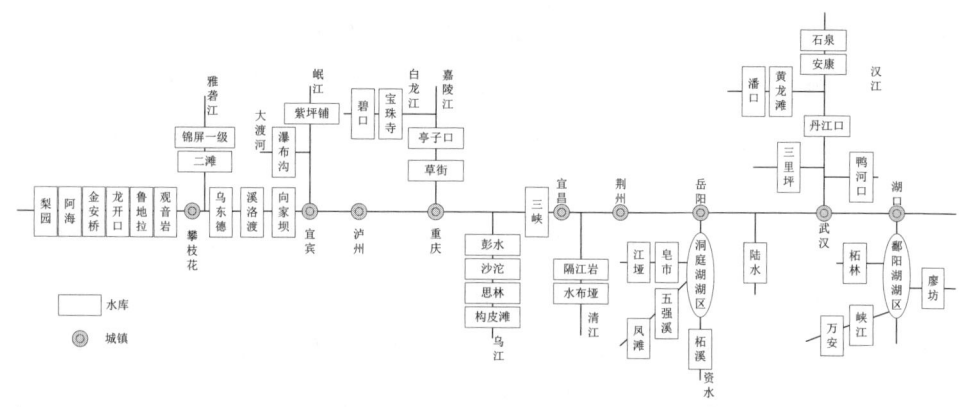

图19 纳入2020年长江流域水工程联合调度运用计划的水库群

目前，长江上游水库群已基本形成1个核心三峡水库、3个骨干乌东德、溪洛渡和向家坝水库、5个群组金沙江中游群、雅砻江群、岷江群、嘉陵江群、乌江群的防洪布局，防洪库容合计约387亿 m^3。长江中游清江、洞庭湖水系、鄱阳湖水系、汉江等形成了4个中游水库群组，防洪库容209亿 m^3，共同组成长江上中游防洪调度水库群。

水库群联合调度。长江流域干支流洪水遭遇复杂，按照联合调度方案，当长江中下游发生大洪水时，三峡水库联合上游金沙江、雅砻江、岷江、嘉陵江、乌江等干支流的水库，以及清江、洞庭湖支流的水库，以沙市、城陵矶等防洪控制站水位为主要控制目标，实施防洪补偿调度。考虑到各支流来水与干流洪水的遭遇特性，结合自身流域的防洪任务和在配合三峡水库对长江中下游防洪中的作用，长江上中游水库群联合调度时投入使用次序原则为长江上游先利用雅砻江与金沙江中游梯级水库拦洪水，再动用金沙江下游梯级，必要时动用岷江、嘉陵江、乌江梯级水库防洪库容长江中游清江、洞庭湖四水、汉江、鄱阳湖五河水库群在满足本流域防洪要求的前提下，与三峡水库相机协调调度，避免干流拦蓄与支流泄水腾库矛盾出现，加重干流防洪压力。

2020年5次编号洪水期间，以三峡水库为核心的长江上中游水库群联合调度运用，发挥了重要的主动防洪作用。在洪水发展各阶段过程中，流域上中游水库群在实施联合调度方案过程中，充分综合考虑当前及未来水雨情和水工程运用情况，基于各阶段调度目标和对未来风险防御的考虑，提出了以三峡水库为核心的水库群联合调度策略及调度方式和三峡水库调度过程。

2020年7月2日上午10时，三峡水库入库流量达 $50000m^3/s$，长江2020年第1号洪水在长江上游形成，洞庭湖、鄱阳湖分别发生持续集中强降雨，城陵矶河段、湖口河段防洪形势严峻。此时长江刚进入汛期，防洪工程特别是水库群的防洪库容较为充足，工程防洪能力处于最强阶段。洞庭湖、鄱阳湖水库群根据各支流来水情势，分别伺机对本流域防洪。按照调度方案，三峡水库对城陵矶实施防洪补偿调度，减缓长江中游干流水位上涨态势，助力鄱阳湖洪水出湖，尽可能降低鄱阳湖区水位，减轻城陵矶河段、湖口河段及鄱阳湖区防洪压力。

受洞庭湖地区强降雨影响，城陵矶河段水位持续居高不下，而长江干流荆江河段水位较低，根据《三峡正常运行期－葛洲坝水利枢纽梯级调度规程2019年修订版》，为进一步减轻城陵矶附近地区防洪压力，联合调度溪洛渡、向家坝等上游水库群，减小进入三峡水库洪量，三峡水库为城陵矶防洪补偿调度水位可突破155.00m限制，原则上不超过158.00m。7月17日上午10时，长江2020年第2号洪水在长江上游形成，此时三峡水库水位157.11m，当天水位即突破158.00m。根据三峡水库调度和中下游来水情况，预报3天后中下游即将返涨，

4天后莲花塘将涨至保证水位34.40m附近。为进一步减轻城陵矶地区防洪压力，在保证荆江地区和库区防洪安全的前提下，通过精细调度三峡水库，滚动优化调整出库流量，结合城陵矶河段农田片区限制排涝、洲滩民垸相机运用等措施，控制城陵矶莲花塘水位不超34.40m如图4所示，避免了城陵矶附近蓄滞洪区运用，并成功与洞庭湖洪水错峰，极大减轻了长江中下游尤其是洞庭湖区防洪压力。2020年7月26日14时，迎来长江2020年第3号洪水。三峡水库仍然处于158.00m以上高水位运行，洞庭湖资水、沅江、澧水再次发生明显涨水过程，汉江来水增加，长江中下游水位持续偏高，荆江河段超警戒水位，城陵矶突破保证水位34.40m，汉口水位出现第三峰28.50m。在综合考虑荆江防洪安全和库区淹没风险的前提下，提出了优化利用三峡水库防洪库容继续兼顾对城陵矶防洪，并适当抬高城陵矶河段堤防运行水位的调度方式，尽量避免启用蓄滞洪区。但考虑正处于"七下八上"长江流域防洪风险仍然极高的关键时期，为应对后续可能发生的洪水，防洪工程运用需要在保障当前防洪安全的前提下留有余地，控制三峡水库最高调洪水位不超过165.00m，控制城陵矶站水位不超过34.90m。

三峡水库实施错峰减压调度后，为留足库容应对后期可能出现的大洪水，三峡水库及上游水库群利用2020年7月31日—8月10日的降雨间隙期伺机加大下泄流量腾库。三峡水库滚动调整出库流量，库水位由163.36m逐步降低至153.03m，同时维持中游莲花塘站水位现峰退后的退水态势。

8月11—17日，长江上游嘉岷流域发生集中性强降雨，干支流洪水暴发并恶劣遭遇，形成较大的复式涨水过程，依次迎来长江2020年第4、5号洪水。寸滩洪峰74600m³/s，超"8·17"洪水排位历史第二，且寸滩以下受铜锣峡峡口影响，河道洪水宣泄能力受限造成水位顶托。三峡水库出现建库蓄水以来的最大入库流量75000m³/s，受三峡水库加大下泄影响,长江中下游宜昌至莲花塘河段超警戒水位。因此,针对4、5号洪水,长江上游水库群调度目标为削峰调度以减轻川渝河段特别是重庆附近防洪压力并降低三峡水库库尾淹没风险,同时,拦蓄洪量配合三峡水库减轻中下游防洪压力。

在防御长江第4、5号复式洪水过程中,在三峡水库及上游水库群已运用较多防洪库容的基础上,再次大规模启用上游各支流水库联合调度,拦蓄洪水约190亿 m³,其中三峡以上水库拦蓄洪量约82亿 m³,将高场、北碚、寸滩站最高水位分别控制在291.08,200.23,191.62m,避免了上游金沙江、岷江、沱江、嘉陵江洪峰叠加形成重现期超100年一遇的大洪水。寸滩站洪峰流量由87500m³/s约100年一遇削减至74600m³/s约20～40年一遇,显著减轻了川渝河段和三峡库尾的防洪压力。三峡水库拦蓄洪水约108亿 m³,最高调洪水位167.65m。宜昌站洪峰流量由78400m³/s约40年一遇削减至51500m³/s,沙市最高水位43.24m仅超警戒0.24m,避免了荆江分洪区的启用,使荆江分洪区内60万人口避免转移,3.287万 hm² 耕地以及10余万亩水产养殖面积避免被淹没总体而言,2020年大洪水期间,以三峡水库为核心的长江流域水库群充分发挥了拦洪削峰蓄洪滞洪的作用,极大减轻了沿江各河段防洪压力,为保障流域防洪安全起到了堤防以外的不可替代的基本盘作用,是流域防洪的主要、主动工程措施。

在调度实践中,需同时面对工程超标准运用风险和洪水淹没造成人员转移和财产损失的两难境地,暴露出编制的调度方案与实时调度实践需求还存在一定不协调,还需要进一步完善和细化,以更好地指导实时调度。

9. 跨流域水资源调度管理

跨流域水资源调度管理是指为改善水资源时空分布不均的问题,将不同行政区划、不同流域之间的水资源有效调配,提高水资源利用效率。

第十六讲 水工程管理的理论和实践——以三峡工程为例

跨流域水资源调度管理应根据用水方需求及供水方实际供给能力，科学制定调水方式，在保护生态环境的前提下修建调水设施，实现水资源优化配置。

为有利于保障南水北调中线工程正常运行，《长江流域综合规划》深入研究了跨流域调水工程影响与对策。实施了引江济汉工程，目前，正加紧论证引江补汉工程，该工程将从三峡水库取水。

（1）引江济汉工程运行案例。

引江济汉是从长江荆江河段引水至汉江高石碑镇兴隆河段的大型输水工程，属南水北调中线一期汉江中下游治理工程之一。工程地跨荆州、荆门、潜江三市，渠道全长67.23km，设计流量350m³/s，最大引水流量500m³/s，年平均输水37亿m³，其中补汉江水量31亿m³，补东荆河水量6亿m³，2014年9月26日正式通水。工程的主要任务是向汉江兴隆以下河段补充因南水北调中线一期工程调水而减少的水量，改善该河段的生态、灌溉、供水和航运用水条件。

长湖流域降雨年内年际分布不均匀，最大年降雨量是最小年降雨量的2倍多，而主汛期（5—9月）多年平均降雨量占全年的60%以上，局部地区常出现"砣子雨"。荆门市2020年6月8日进入梅雨期，较历史同期的入梅时间6月17日提前9天，至7月22日0时梅雨期结束，梅雨期历经43天，较常年偏多18天。梅雨期平均降雨量594.0mm，较历年梅雨量均值偏多近1.9倍。梅雨期共发生8场强降雨过程，平均面雨量504.0mm，涉及长湖流域的漳河新区428.1mm、掇刀区570.5mm、沙洋县570.0mm。6月17—22日，荆门市普降暴雨，局部地区暴雨到大暴雨，降雨中心在沙洋县，面雨量87.0mm，单站累计过程最大点降雨量排前3的分别为沙洋县纪山镇纪山站153.5mm、沙洋县曾集镇曾集站134.0mm、沙洋县十里铺镇新桥站132.0mm；7月1—3日京山市、沙洋县普降大雨，局部地区特大暴雨，面雨量46.8mm，累计过程最大点降雨量沙洋县李市镇李市站124.0mm；7月4—8日，京山市、沙洋县普降大到暴雨，局部地区大暴雨，面雨量52.9mm，累计过程最大点降雨量沙洋县毛李镇毛李站182.0mm。西荆河李市站最高水位34.27m发生在7月8日5时15分，涨幅1.54m（与梅雨期开始比较，下同）；拾桥河拾桥站最高水位35.27m发生在6月29日上午9时10分，涨幅1.99m；长湖站最高水位33.57m发生在7月12日上午8时40分，涨幅2.36m。

湖北省7月9日15时启动了防汛Ⅱ级应急响应，7月10日16时，长湖水位33.41m，超保证水位（33.00m）0.41m，沙洋县防汛抗旱指挥部紧急将应急响应由Ⅲ级提升至Ⅱ级。7月11日9时，长湖水位33.47m，超保证水位0.47m，比2016年的历史最高水位33.46m高0.01m，荆门市防汛抗旱指挥部组织紧急会商研究，定于7月11日12时将全市防汛Ⅲ级应急响应提升为防汛Ⅱ级应急响应。7月12日12时，长湖水位33.57m，超保证水位0.57m，超历史最高水位0.11m。后港藻湖堤防，港口围垸，毛李双店渠，幸福垸出现散浸30余处，管涌21余处，脱坡5处，漏洞4处。为减少长湖上游来水和下游顶托，沙洋县科学调度，限制后港、毛李、李市、官垱、沙洋等镇排涝泵站直排长湖，并关闭了幸福泵站和双店闸，尽一切办法减少来水，缓解长湖高水位运行压力。同时多方联动排水，全力降低田关河水位，促进长湖水通过刘岭闸下流。持续加强与引江济汉工程管理局联系，当长湖水位高于引江济汉工程水位后，调度相应涵闸，将长湖水通过引江济汉工程排入汉江。刘岭闸9孔全开，下泄流量141m³/s，田关泵站开机6台，流量230m³/s。7月10日，湖北省防汛抗旱指挥部决定，长湖荆门境内的外乔子湖、幸福垸和荆州境内的马子湖、胜利垸，4个内垸做好分洪准备。接到通知后，荆门市就组织垸内居民共215户695人进行了紧急转移安置。

引江济汉工程规划设计时，在拾桥河上游水位超过30.70m时，按照"能撇则撇"原则，通过引江济汉渠道将拾桥河的洪水撇向汉江，不流入长湖，以缓解长湖防汛压力。撤洪即通过打开拾桥河与引江济汉渠交叉处上游防洪闸，关闭拾桥河下游防洪闸，打开引江济汉渠上的拾桥河左岸节制闸将拾桥河洪水引入引江济汉渠，由高石碑闸出口入江汉。同时在撤洪后期，当拾桥河水位低于长湖水位时，可通过拾桥河倒吸虹反向过流，将长湖洪水引入引江济汉渠。

要实现长湖撤洪，条件一是拾桥河泄洪闸水位要高于引江济汉渠道高石碑闸水位，条件二是高石碑闸水位要高于汉江水位，具备两个条件才能实现洪水自流，由拾桥河闸进入人工渠道，再经高石碑闸流入汉江。

自2020年6月底，引江济汉渠道受长江和汉江上压下顶，高石碑出水闸下汉江水位高于拾桥河交叉处水位0.5m，不具备实施撤洪条件。如果强行打开高石碑出口闸，汉江水会倒灌入渠，毁坏工程设施。

实施联合调度创造撤洪条件为降低高石碑汉江段水位，需要联合调度丹江口水库及汉江梯级联合水利工程，以调减下泄流量。在湖北省南部普降暴雨之时，鄂北及以上区域降水不多，汉江汛情不大，这为调减丹江口水库下泄流量创造了条件。7月11日，水利部长江水利委员会（以下简称长江委）调减丹江口水库下泄流量至$500m^3/s$，这是调度规程中丹江口水库最小生态流量。7月14日凌晨，根据湖北省水利厅调度令，汉江兴隆枢纽通过关闭14道和13道泄洪闸，调减泄量，经过7个多小时，汉江高石碑段水位从调度调减之初的32.05m下降到31.72m，此时，引江济汉渠道内的水位是31.76m，高出汉江水位0.04m，这样的高度差已经具备渠道内的水向汉江排的条件。高石碑出水闸开始陆续缓缓打开，让渠道的水流向汉江，为拾桥河枢纽接入长湖水腾出空间。7月14日8时13分，拾桥河上游泄洪闸开启，原流向长湖的拾桥河被引入引江济汉渠道，成功实现撤洪。当拾桥河水位低于长湖水位时，开启倒虹吸闸，长湖水通过倒虹吸反向倒流，经由拾桥河上游泄洪闸流入引江济汉渠道。7月17日5时30分，沙洋县防汛抗旱指挥部监测数据显示，长湖水位降至32.99m，在保证水位以下；7月18日21时10分，随着拾桥河上游泄洪闸关闭，引江济汉工程本次为长湖撇洪结束。此次调度共为长湖撇洪4343.73万m³，相当于高水位时降低长湖水位约0.30m。

（2）引江补汉工程论证情况。

引江补汉工程是南水北调中线工程的后续水源，其主要任务是从长江三峡库区引水入汉江，提高汉江流域的水资源调配能力，增加南水北调中线工程北调水量，提升中线工程供水保障能力，并为引汉济渭工程达到远期调水规模、向工程输水线路沿线地区城乡生活和工业补水创造条件。

工程规模：在重点分析中线一期总干渠输水能力利用程度、增供水量边际成本、特枯年补水效果后，确定工程多年平均引水量39.0亿m³，其中，在一期规划设计水量的基础上多年平均可增加沿线受水区河南省、河北省和北京市北调水量24.9亿m³，补水后多年平均北调水量达115.1亿m³；补汉江中下游水量6.1亿m³，具备利用工程空闲时段应急向汉江中下游补水的潜力；补引汉济渭水量5.0亿m³；输水线路沿线补水量3.0亿m³。具体见表2。

工程布局：引江补汉工程总体布局方案包括输水总干线工程和汉江影响河段综合整治工程两部分，并在输水总干线预留向输水线路沿线补水的分水口门。

输水总干线工程：由进口建筑物、输水隧洞、石花控制闸、出口建筑物、检修交通洞等组成，进口建筑物位于三峡大坝上游约7.5km处，出口建筑物位于丹江口大坝下游约5km处，输水线路总长约194.8km，其中进水口长26.0m，输水隧洞长约194.3km，出口建筑物长475.0m，隧洞过水洞径10.2m（等效洞径）。石花控制闸位于桩号164+000附近，用于衔接前后两段有压隧洞。输水隧洞沿线利用施工支洞布置11条检修交通洞，兼具调压功能。输水总干线桩号17+000

附近预留乐天溪分水口，为沿线补水创造条件。

表2　　　　　　　　引江补汉推荐方案水量配置方案　　　　（单位：m³）

补水对象	水量配置方案	补水量
中线北调水	115.1	24.9
引汉济渭	14.7	5.0
汉江中下游（含清泉沟）	250.3	2.4（490m³/s 保证率提高到95%） 2.1（河道内外基本需求） 1.6（为实现北调水目标丹江口水库增加下泄） 6.1
沿线补水	3.0	3.0
总补水	—	39.0

汉江影响河段综合整治工程：为减缓工程通水后，丹江口水库下泄流量减小对坝下局部河段航道影响，保障出水口河段河势稳定，对坝下长约5km的汉江影响河段进行综合整治，包括羊皮滩右汊出水渠、航道整治、河道整治等工程组成。

预留向沿线补水工程分水的口门：推荐在输水总干线桩号17km处预留乐天溪分水口向沿线受水区分水。

10.应急调度管理

水库应急调度是指针对重大突发事件，在保证水库安全的前提下，及时采取调度措施，减轻突发事件带来的不利影响。应急调度应根据突发事件情况，迅速判断调度需求，科学制定相应的水库调度方案，并在行业主管部门的统一指挥下尽快实施。

当三峡水库或下游河道发生重大水污染事件和重大水生态事故时，由水利部或长江水利委员会下达应急水资源调度指令，中国长江三峡集团有限公司执行。

当长江中下游发生较重干旱或出现供水困难，需实施水资源应急调度时，由水利部或长江水利委员会下达调度指令，中国长江三峡集团有限公司执行。

当需要三峡水库实施水资源、航运等应急调度时，水利部或长江水利委员会下达调度指令，中国长江三峡集团有限公司执行。在通信中断且水情特别紧急并危及大坝安全的情况下，中国长江三峡集团有限公司可根据本规程规定的防洪调度方式及现场情况作出应急调度决策并进行处理，以确保大坝安全，并采取措施尽快上报。

控制下泄流量，实施应急调度。2015年6月2日，三峡水库下泄流量大幅削减至1万m^3/s，有力支援了下游监利江段"东方之星"游轮救援行动。2018年汛期，在洪水间歇期开展4次船舶滞留应急调度，成功疏散因洪水流量过大而滞留的船舶838艘。

（1）"东方之星"号客轮翻沉事件的应急调度案例。

2015年6月1日晚，由南京驶往重庆的旅游客轮"东方之星"号在行至长江中游湖北监利水域时翻沉。事件发生时，正值三峡水库汛前大流量预泄腾库之时，三峡水库若不采取减泄措施，监利江段水深和流态条件将明显恶化，救援打捞难度将大大增加。

国家防总、水利部和长江防汛抗旱总指挥部于6月2日晨紧急启动三峡水库应急调度预案，统筹考虑救援打捞和中下游最小航深，迅速协调航运部门和电网公司等，调整三峡水库发电计划和汛前大流量预泄腾库计划，长江防汛抗旱总指挥部自6月2日上午7时30分起，连发三道调度令，3h内将三峡水库下泄流量由17200m^3/s逐步压减至10000m^3/s、8000m^3/s和7000m^3/s，下调三峡—葛洲坝梯级电站负荷92.7MW。长江干流宜昌—监利江段水位迅速止涨转落，6月3日2时监利站水位最高涨至30.05m后开始回落并持续降低。据分析，由于三峡水库控泄作用，监利站水位最大下降2.75m，沉船区域流速明显减缓，流态更加稳定，为沉船救援打捞创造了有利条件。此后三峡水库维持

7000m³/s 的出库流量整整 5 天，库水位最高涨至 154.06m。6 月 4 日，根据长江上游来水情况，长江防汛抗旱总指挥部实施了上游水库联合调度，乌江构皮滩、思林、沙沱、彭水水电站适时拦蓄，减缓三峡水库水位上涨。

6 月 5 日"东方之星"号客轮整体打捞出水后，考虑到长江流域已经全面进入主汛期，且长江干支流降雨过程多、降雨强度大，防汛形势日趋严峻的实际情况，国家防总、水利部商交通运输部后研究决定，自 6 月 7 日中午开始三峡水库按防汛要求恢复正常调度，尽快腾库迎洪。6 月 6 日长江防汛抗旱总指挥部下达调度令，从 6 月 7 日 12 时三峡水库逐步加大下泄流量，要求沿江各地各有关部门做好防汛工作，确保防洪安全和航运安全。三峡水库库水位也由 6 月 8 日 2 时的 154.06m 逐步回落至 6 月 21 日 14 时的 145.09m，恢复到汛限水位附近，做好长江洪水应对准备。

（2）"潮汐式"生态调度防控支流水华。

最初的研究主要从增加支流库湾流速或加大干支流水体交换量的角度来降低支流水华藻类的浓度。中国水利水电科学研究院董哲仁教授等考虑到干流水质较好的优势，从调蓄水位的角度，提出可以考虑在一定时段内降低坝前蓄水位，加大泄水，缓和对于库岔、库湾水位顶托的压力，使库湾水体流速加大，破坏水体富营养化的形成条件；周建军等提出在非水库汛期水位调节过程中，电站按较大规模进行日调节，加大库区水位波动和干支流水体置换量，加强污染物降解和抑制藻类生长，从而缓解一些支流局部区域的水华。

从水华形成机理出发，结合"临界层理论"和"中度扰动理论"，提出了防控支流水华的三峡水库"潮汐式"调度方法，即通过水库短时间的水位抬升和下降来实现对生境的适度扰动、增大干支流间的水体交换、破坏库湾水体分层状态、增大支流泥沙含量等机制来抑制藻类水华。包括春季"潮汐式"调度方法、夏季"潮汐式"调度方法和

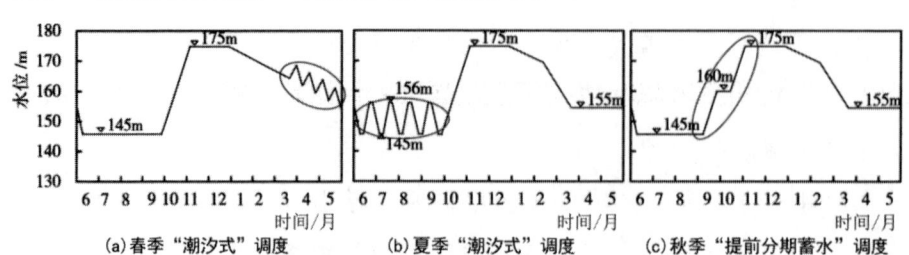

秋季"提前分期蓄水"调度方法（见图20）。

图20 三峡水库"潮汐式"调度方法

提出"潮汐式"生态调度建议后，三峡水库自2009年在每年预计水华发生期实行水位波动运行，以抑制支流水华的发生。从监测结果来看，从2007—2011年，三峡水库逐渐注重灵活动态调度，2009、2010年全年水位波动次数以及日变动最大幅度明显高于2007、2008年；相应2009、2010年叶绿素a浓度大于10μg/L的天数和最大浓度值均呈下降的趋势，水华暴发程度明显低于2007和2008年，情势有所好转。2008年汛末蓄水过程也表明，三峡水库水位波动（抬升），藻类生物量下降；水位稳定，藻类生物量即迅速升高。这些结果很好说明了"潮汐式"生态调度对三峡水库支流库湾水华具有较好的防控效果。进一步研究表明，"潮汐式"生态调度不仅对坝前支流水华控制有效，除汛期库尾的支流外，对库区大多数支流在不同季节均有作用。

"潮汐式"波动方法实施的最大可能障碍是其与三峡水库的泥沙问题、防洪、供水及发电等传统效益之间产生矛盾。对于泥沙问题，在汛期人为抬升水位，可能使得干流流速减小，泥沙淤积作用增强。然而近年来三峡及上游流域的植树造林及水电站建设拦截了流域部分泥沙，致使三峡入库泥沙较预期减小近3/5，三峡上游河道挖沙作用也缓冲了部分泥沙淤积。而"夏季潮汐式"波动是在初步设计方案的基础上适当调整水位，不会导致严重的泥沙淤积。对于防洪问题，"夏季潮汐式"波动占用了一部分防洪库容，对防洪产生一定影响。但其主要是在可预见来水的情况下进行水位适当抬升，可以在洪水来临之前腾空库容，实行水库汛限水位动态控制。而当前精确的水文气象预测预报能力，使得三峡水库汛限水位动态控制成为可能，缓解了"潮汐式"波动方法与防洪问题的矛盾。另外，研究表明"潮汐式"调度方法比初步设计调度方案更能发挥三峡水库的发电效益。春季由于下泄最小流量的要求，有可能无法实现水位的波动（上涨），但未来三峡上游梯级水库群的建立，不仅可缓解三峡水库防洪、泥沙淤积等压力，更能有效控制三峡水库入库流量，使三峡水库水位调节空间更大，实施"潮汐式"波动方法可能性更大。

三、结论

回顾18年来三峡工程运行管理的实践，感慨万端。人民和实践是出题者，水利部、自然资源部、环境保护部、交通部、长江委、长江航运管理局、库区两省市、三峡集团公司、国家电网公司等相关单位和地区是答题者。18年来，年年都有新题目：漂浮物泛滥、两湖地区干旱、库岸失稳、荆江河堤垮塌、中下游鱼类产卵下降、多场次洪水、船舶积压等等，所有管理单位通力合作，尽力解决问题，形成了如前所述的认知和收获，成果来之不易，我们总结这些做法和经验，并提炼出现代水工程管理的基本理念"风险管理、精细调度、永续利用"，希望对管理好其他水工程有所镜鉴。

第十七讲

努力使三峡工程成为全球水工程管理运行的典范

(2022年年初)

2022年,三峡工程安全运行专家组也调到了中国水利水电科学院,至此,三峡工程建设、运行管理的三大支持系统:专家组、泥沙组、监测系统,全部调到中国水利水电科学院,这充分体现了中国水利水电科学院的实力。为进一步做好工作,我们过来做一个交流。下面,我讲几点意见。

一、关于三峡工程管理运行的目标

2018年4月24日,习近平总书记视察三峡工程,发表了重要讲话:"三峡工程的成功建成和运转,使多少代中国人开发和利用三峡资源的梦想变为现实,成为改革开放以来我国发展的重要标志。这是我国社会主义制度能够集中力量办大事优越性的典范,是中国人民富于智慧和创造性的典范,是中华民族日益走向繁荣强盛的典范。真正的大国重器,一定要掌握在自己手里。核心技术、关键技术,化缘是化不来的,要靠自己拼搏。"

2020年5月19日,中央政治局常委会讨论通过了三峡工程整体竣工验收结论,下发了通知,对三峡今后工作从安全运行、重大问题研究、移民、宣传等四个方面作了部署(以下简称中央关于三峡工作的四项指示）。主要内容如下：三峡工程是彪炳史册的伟大工程。要坚持"共抓大保护，不搞大开发"，建立三峡工程安全运行长效机制，最大程度发挥三峡工程效益；要加强长江流域防洪、水库群联合调度、三峡库区及中下游生态环境保护等重大问题研究；要继续做好移民生产生活的帮扶工作，加快实施乡村振兴战略，推动三峡库区高质量发展；要加大三峡工程建设过程中先进典型的宣传力度，营造良好的舆论氛围。

中央关于三峡工作的四项指示与习近平总书记2018年4月24日视察三峡工程重要讲话精神一脉相承，可以认为是上下篇，习近平总书记4月24日视察三峡工程讲话是对三峡工程建设和试运行的肯定，中央关于三峡工作的四项指示是对三峡今后工作做出的部署和安排。两个讲话高屋建瓴、立意高远、言简意赅、鼓舞人心，是做好三峡工作的根本遵循和指南，是三峡工作需要长期坚持的基本方针，要一体学习贯彻。

两个讲话主要有三个要点，一是对三峡工程给予高度肯定，"大国重器""一个标志、三个典范"；二是总结了成功的做法和经验：迎难克坚、自力更生、自主创新；三是对今后工作做了部署，四个方面的要求，既讲了安全运行，也讲了移民；既讲了当前工作，也讲了管长远的工作；既讲了物质文明建设，也讲了精神文明建设。

努力使三峡工程成为全球水工程管理运行的典范是两个讲话的必然逻辑结论，这就是我们的工作目标。我们把这个目标具体化为六个方面：安全管理的典范、生态环境保护的典范、产业富民的典范、科技兴水的典范、政策创新的典范、效益发挥的典范。

二、关于水工程管理的理论创新

总结三峡工程十九年的运行管理经验，我们提出现代水工程管理新的理念和原则,我把它概括为十二个字——"风险管控、精细调度、永续利用"。

一是风险管控。要全面分析评价水工程运行的常规风险和非常规风险。常规风险主要是水工程自身安全和水生态环境损害;非常规风险主要是极端条件、人为失误、恐怖活动、工程老化、运行方式改变及移民等因素造成的公共安全损害。要采取工程措施和非工程措施,确保工程本体安全,减小生态环境损害和公共安全损失。

二是精细调度。调度是实现水工程功能的基本手段,调度同样还是保证水工程运行安全、拓展水工程功能和效益的手段。调度得当,甚至还能延长水工程的使用寿命。精细调度的含义是以水文、生态环境这两项预测预报为基础,一年四季精心组织并实施调度。精细调度要求把防洪、发电、航运、调沙、中下游补水、梯级联合、生态等多种调度结合起来,一年四季精心安排。

三是永续利用。水工程寿命问题是一个值得思考的问题。四川都江堰、广西灵渠运行了2000多年,依然表现优异。关于混凝土寿命,中国工程院院士陆佑楣说,从第一锹混凝土到现在,没有听说过突然崩坏的问题。这就是说混凝土寿命仍然是一个未知数。基于这样的理由,我们认为水工程的永续利用是一个可以研究也应该研究的问题,一个好的水工程应与自然融为一体,成为自然的一部分,永续利用。

"风险管控、精细调度、永续利用"的基本理念要求深化八个方面的认识。

一是深化对水工程安全管理的认识,树立生态安全观、系统安全观、流域安全观、整体安全观。

二是深化对水旱灾害的认识,对洪灾旱灾进行分级管理。

三是深化对水资源的认识,充分发挥水资源在解决"四水"问题中的基础性作用。

四是深化水工程对水生态影响的认识,采取措施减轻工程对生态的损害。

五是深化对水生态系统复杂性的认识,用生态的方法修复水生态。

六是深化对调度工作的认识,推进精细调度。

七是深化对水工程使用寿命问题的认识,树立"永续利用"的观念。

八是深化对改革发展紧迫性的认识,推进水利工作管理体制、机制改革。

三、关于三峡科学研究工作

中国工程院资深院士,原水利部部长,第七、八、九届全国政协副主席,钱正英主席说,三峡工程的建成,是中国水利现代化的标志。那么,过去几十年中,我们取得了哪些科技上的重大突破?原因是什么?我们做对了什么?

前一段时间,原水利部副部长索丽生让我给河海大学师生讲一堂课,我找了长江设计院和三峡集团的同志分别帮我总结三峡工程的重大科技突破,都不太全面,长江设计院偏设计、三峡集团偏施工。我综合大家提的,理了十项。

依托三峡工程解决的重大问题、取得的科技突破主要有:

一是大型水利工程勘察、设计、施工技术;

二是大规模移民搬迁安置理论与技术;

三是地质灾害处理和监测预警技术;

四是大型发电机组设计、制造技术;

五是大型船闸设计、建造技术;

六是大型升船机设计、建造技术;

七是高压输变电技术;

八是大型工程对生态环境影响监测与评估技术;

九是泥沙监测、预测与调控技术;

十是中华鲟人工繁殖技术。

大家都是业内人，都应该能理解这十项技术的意义和价值，中国无数的科学家在过去的七十多年间付出了心血，甚至生命，国家也投入了大量的物力和财力。我举个例子，水轮发电机组从 5 万 kW 到 15 万 kW、25 万 kW、35 万 kW，最后到三峡机组 70 万 kW。改革开放后的投入，我算了个账，技术引进、科研、技改投入 25 亿元。

取得这些伟大成就的原因是什么？我也简单地归纳了几条：

一是强烈的问题意识。老一辈政治家和科学家面临的最大问题是赶上西方发达国家水平。一对比，提出了这些问题，他们本着差什么，学习什么，研究什么的态度，扎实地、一步一个脚印地解决了这些问题。

二是强有力的统筹。原国家发改委、原国家科委、水利部为三峡工程的兴建组织了两次全国性科技攻关，投入了巨量资金。我们要特别感谢周恩来、李鹏、邹家华、宋健、钱正英、林一山、郭树言、陆佑楣等同志，他们为中国水利电力科技的进步立下了不朽功勋。郭树言同志原来担任过国家科委副主任，对各系统、各个科研单位科研水平有很深的了解，对重大科研项目的立设、科研力量的调配、科研过程推进等，殚精竭虑，做了很多具体的组织工作。

三是强大的团队。上述成果的取得绝不是水利系统一家能做的，国家各部委、单位组织了一支支团队，联合攻关。原机械部、电力部、地质部、环保局、船舶系统都是部长、局长、董事长亲自负责项目，组织全系统的精兵强将攻关。

四是顽强的作风。几代科技工作者，一代接着一代干，锲而不舍，实现了中国水利水电技术的突破和飞跃。

回顾历史是为了面向未来。那么下一步，面向未来，三峡科学研究怎么做？

三峡工程科学问题具有如下特点：一是表现明显。三峡工程经历 21 多年的运行，其主要影响已经表现出来。二是数据全面。按照三峡工程论证的要求，国家建设了全球最大的工程建设运行监测系统，积累了各个方面的海量数据。三是影响广泛深远。三峡工程对长江流域有重大影响，因此三峡科学问题的解决也将产生深远影响。四是处在科技前沿。三峡工程的一些重大科学问题都是当前水利科技的前沿问题。五是原理性问题和应用性问题相交织。三峡工程科学问题的解决需要对一些原理性问题进行研究。六是示范性强。如果三峡重大科研问题取得突破，将会极大提高我国水科学研究水平，产生巨大的示范效应。我们要把握好这六个特点，做好科研工作，三峡一定要成为科技创新的典范，引领水利科技发展。

四、关于近期的几项工作

（一）进一步总结三峡工程运行管理二十年的经验，基本形成现代水工程运行管理的理论与方法，用我们的理论与方法逐步规范三峡工程管理运行工作。今年要形成基本规范。

（二）围绕三峡工程运行长效机制、水工程运行管理、水生态保护与修复三个问题做好科学研究的顶层设计。

举一个例子：2022年，武汉大学教授常剑波召开大坝学会过鱼设施专业委员会年会，请我致辞。我讲，"这些年关于过鱼设施建设问题争议很大，有几个问题一直在我脑子里没有答案：生态陷阱问题，没有目标鱼种要不要修鱼道、没有目标鱼种鱼道如何设计问题，现有水利水电设施的过鱼效果如何等等。实际上，关于过鱼设施建设的基本问题还有很多，比如中国特有鱼类的生物学特性和洄游规律、鱼道设计、建筑材料，等等，这些问题都需要深入研究。"

（三）举办三峡工程运行管理论坛，出版一本论文集。

第十八讲

关于三峡工程史的五个问题

（2021年3月）

按照党史教育活动的安排，我给大家讲一次党课，今天我主要给大家讲两个问题。第一个问题是在适当的时候启动三峡工程史的编撰工作，第二个问题是三峡工程史的几个重大专题问题。

一、适时启动三峡工程史的编撰工作

前几年，我跟北京大学历史系孙华教授谈写作三峡工程史的问题的时候，孙华教授讲，写史实际上有三个过程：第一个过程是把史料收集起来，第二个过程是对史料进行研究，第三个过程才是历史写作。写历史是记录历史，臧否人物，是一件非常慎重的事，对于历史的一些重大问题，不做比较深入的研究，是不太好下笔的。

我们为撰写三峡工程史，已经做了一些基础性的工作。我在出版社工作的时候编了8本书，中国长江三峡工程历史文献汇编，分为1919年、1949年、1949—1993年、1993—2009年三卷。另外我们还编了三本书，《百年三峡》是关于三峡工程新闻的汇编，是按照三个历史阶段编写的，也是三本。而后我们又编辑出版了两本书，一本是李鹏同志的《众志绘宏图——李鹏三峡日记》，另外一本是《李鹏论三峡工程》。前几年，三峡集团花了很大的工夫，大概经历了七八年时间，编了一套中国长江三峡工程史料汇编，18卷25册。这些工作都是为撰写三峡工程史所做的基础工作。

应该说这些工作都属于收集史料的层次，接下来的工作就要对一些三峡工程史的重大问题做专题研究。只有这些专题研究搞清楚了以后，我们才能开始撰写三峡工程史。

三峡工程史的撰写要提上日程。2012年潘家铮院士走了，2020年郑守仁院士去世，三峡工程的老一辈建设者正在老去或者逝世，撰写三峡工程史这个责任，落在我们肩上，所以我们现在应该有紧迫感。

三峡工程史涉及方方面面，涉及各个部委，多个省市，几个大型的国有企业，所以三峡工程史由谁来组织？我想来想去，可能还是由政府承担，我们来组织比较好一些。三峡集团主要的精力是在做三峡枢纽工程的建设，国家电网主要在做三峡输变电工程的建设，这两家的单位对移民工作也不太熟悉，把这个责任完全交给三峡集团或者国家电网好像都不是太合适。

二、三峡工程史的五个重大专题问题

我刚才讲要对一些专题进行研究，今天先讲五个专题。

（一）第一个问题，三峡工程建设资金筹措问题

三峡工程建设资金筹措，是三峡工程决策和建设最为重要、最为关键的问题。现在看来，三峡工程建设资金筹措方案的设计是非常高明的，从2017年的建设期到现在开展三峡后续工作，几十年来，我们从来没有为三峡工程的建设资金发过愁。而且，三峡工程建设资金筹措方案还解决了后来开工的南水北调工程建设资金。

自从50年代开始，中央政府、主管单位、设计单位的相关人员就在研究三峡工程建设资金的筹措。太早的方案就不讲了。（以下资料来源2003年中国三峡出版社《众志绘宏图——李鹏三峡日记》《李鹏

论三峡工程》。)

1982年10月8日，万里同志去三峡考察，感觉投资太大，建议暂不考虑。万里同志跟李鹏同志讲，三峡的投资太大，现在国家资金比较紧张，暂不考虑三峡工程的兴建。

1984年3月15日，李鹏同志给中央写了《关于开展筹备三峡工程的报告》，提出了一个比较完整的资金筹措方案。三峡工程需要巨额资金，现设想有以下几种解决资金的渠道，一是由国家把拨款纳入国家基本建设投资计划资金；二是利用葛洲坝电厂的卖电收入；三是向国内国外发行三峡建设债券；四是利用外资，争取使用国际金融机构政府低息贷款和设备出口的卖方信贷；五是发动全国人民支援三峡工程，可从电费加价中提取部分三峡工程建设资金。

1992年10月21日，国务院召开三峡工程筹备小组会议，提出由原国家计委牵头，财政部和银行参加，提出三峡工程建设资金的筹措方案。

1992年11月19日，三峡工程建设委员会召开会议，提出了多渠道筹集三峡工程建设资金的完整的方案。这个方案提出了六个渠道，第一个渠道是国家出台电费加价方案，每一度电征收3厘钱作为三峡工程的建设资金和资本金。第二个渠道是银行贷款，由银行每年拿出10个亿。第三个渠道是葛洲坝电厂的利润。第四个渠道是发行股票，第五个渠道是争取一些国际资金。第六个渠道是发行三峡企业债券。后来我们基本上是按照这个方案来筹集的三峡工程建设资金，当然也根据当时的情况做了一些调整。

在资金问题上我最后说一下利用外资的问题，在20世纪80年代，国家的建设资金比较紧张，同时也开启了改革开放进程，所以80年代的方案中都有考虑利用外资。

但是最后的结果是三峡工程没有用到美国政府的一分钱，没有使用美国的技术。我讲这个问题的意思是中美之间的争议由来已久，从美国政府反对兴建三峡工程就开始了。

（二）第二个问题，关于三峡省的问题

三峡省的问题是三峡工程历史中的一个争议比较大的问题，一个无法回避的问题。中央做出了决定，最后又撤销。

三峡省本身大概经历了一年多的时间，1984年7月31日，中央书记处和国务院联席会议决定成立三峡省筹备组，1986年5月4日，中央发出通知撤销三峡省筹备组，前前后后大概是一年十个月。但从三峡省的酝酿到撤销要比这个时间长，最开始提的是三峡特区，后来又讨论要成立三峡行政区，而后提出建三峡省，最后撤销，后来我思考，撤销三峡省，也有它的原因。

现在总结三峡省撤销主要有三个原因：第一个原因是湖北、四川不积极。湖北和四川提了很多困难和条件，湖北要把恩施地区划归三峡省，四川要把黔江地区划归三峡省。

第二个原因，当时全国人大全国政协很多的同志反对建三峡省。当时我们认为三峡工程的建设需要全国人大来表决，如果在建三峡省的问题上争来争去，对三峡工程的论证和通过不利。

第三个原因是包袱太重。当时中央设计是以宜万涪黔（宜昌、万州、涪陵和黔江）四个地区为主体组建三峡省，统在一起是1700万人，大部分是贫困地区，这样三峡省既要筹资建设三峡工程，又要解决移民和贫困问题，包袱太重。

（三）第三个问题，重庆设市的问题

重庆市一直讲三峡移民重庆的立市之本，这句话是对的，没有三峡移民，就没有重庆直辖市。三峡移民是三峡工程成败的关键，三峡工程100多万人口移民，重庆市占整个移民任务的85%。

重庆单列最先提议的是邓小平同志。1985年1月19日，邓小平同志在听取李鹏同志关于三峡工程的汇报时讲，可以考虑把四川分为两个省，一个以重庆为中心，一个以成都为中心。（来源人民出版社《邓

小平文选》）

为什么会有这样一种考虑？主要还是因为三峡移民。当时的交通极不便利，在20世纪80年代到90年代，甚至21世纪初，三峡地区、重庆市的交通都是很糟糕的。我有一年到奉节出差，走了三天，坐火车到宜昌，再坐快艇，从宜昌到奉节，到会场的时候已经是晚上了。所以要解决好四川省那么多移民的问题，而成都离三峡地区那么远，交通又那么困难，把重庆单列出来，对解决三峡移民问题，加强移民工作的领导和管理是必要的。

把重庆单列出来，在四川省内部有争议。一些同志认为重庆非常重要，把重庆拿出去，四川整体受影响。关键时候四川省省委书记谢世杰和省长肖秧的联名给中央写了一个报告，同意重庆单独建市，为中央作出决策提供了条件。这个报告我看到过原件，但是最近查《众志绘宏图——李鹏三峡日记》，《李鹏论三峡工程》一直没有找到，可能是在后来编辑的时候把这封信删掉了。应该讲这两位领导同志对重庆单列设市做出了重要贡献。

两位领导同志的信到中央以后，重庆单列设市的问题就提上日程。重庆设市也有一个变化过程，最开始的想法是成立川东省、川西省。当时国务院领导带队调研，认为设立一个川东省，还有一个重庆市，重庆市是国民党时期的陪都，在三线建设中又得到了很大的发展，历史地位很高，工业基础很强，如果成立一个川东省，省与市的关系很难摆。调研组觉得不成立川东省，直接成立一个大的重庆市，就不会造成省市之间的矛盾。但是这样也有一个问题，重庆市与我们原来的其他市的概念不一样，重庆市是一个有非常大的农村地区的市，与北京、天津、上海这些城市不一样。

中央最后决定成立重庆直辖市，在全国人民代表大会上是一边倒的支持。现在看来，设立重庆直辖市，对于做好三峡移民工作发挥了重要的作用，对于推动西部地区发展也发挥了重要作用。

（四）第四个问题，低坝和中坝方案问题

这是三峡工程论证的后期争议最多的一个问题。

在三峡工程的认证过程中，一直存在着高坝、中坝、低坝的争论。在 80 年代初期，低坝方案得到了各方面的接受和认同。低坝方案是所谓 150 方案，150 方案为什么会得到大家的认同？根本问题是投资少，移民少。150 方案是一个妥协方案，从当时著名的水利专家陶述曾同志的一个发言就能看出这个意思。陶述曾同志发言的题目是《与其坐而谈，不与起而行》，表达的意思是不管是高坝低坝，不要再争论了，先干起来。

重庆市 1984 年 10 月 8 日给国务院报送了一个文件，《重庆市委、重庆市人民政府对三峡工程的一些看法和意见》，提出了重庆的 180m 方案，坝顶高程 195m，正常蓄水位 180m，死水位 150m，防洪限制水位 158m。与 150m 方案相比，其主要利弊是：一是 180m 方案能较好地解决防洪问题；二是 180m 方案能较充分地利用三峡水利资源；三是 180m 方案将为南水北调中线工程创造条件，而 150m 方案难以实现南水北调；四是最重要的是 180m 方案，使重庆港处于三峡水库库区内，库区将形成 600~700km 的深水航道；五是 180m 方案淹没耕地 34.2 万亩，比 150m 方案增加 23.05 万亩，迁移人口 105.5 万人，增加 72.19 万人。但 180m 方案每万瓦的淹没指标远远低于我国绝大部分已建和在建的大型水电站。

180m 方案的实际意义是使万吨级船队能够直接通达重庆。

在重庆市提出 180m 方案的同时，李先念同志也就 150m 方案给宋平、钱正英、林一山写了一封信，而后先念同志又给李鹏、宋平、钱正英、林一山同志写了一封信。李先念同志在信中说：我一贯主张高坝中用，或中坝低用的。这是基于：一是不仅要注意发电，更要重视防洪。二是洪水泛滥成灾时淹没的土地多，建高坝淹没的土地可能少。三是洪水泛滥时，水是从头顶上倒下来的，拦洪时水是慢慢地往上涨

的。四是洪水泛滥时人口转移多，拦洪时人口转移可能少，更不用说走得及走不及了。五是高坝中用或中坝低用，不是年年如此，而是几十年或者几百年才用一次。六是两者比较，对国家对人民究竟哪个受益大，哪个损失小，考虑来考虑去仍以高坝中用或中坝低用为最佳方案。李先念同志在信中还说：我的这些意见对你们的论证会可以不受约束，但希望诸公认真考虑，或者至少要将我的意见存入历史档案作为资料，以备在三峡建设中还由此一说。[来源于1995年国务院三峡地区经济开发办公室主编《长江三峡工程开发性移民试点文献（1984—1994年）》]

最后中央经过反复论证，采用了中坝方案。现在三峡工程已经运行了17多年，从现在的情况看，这个方案是对的，不仅对防洪大大有利，而且对于重庆、西部地区，甚至长江经济带的发展至关重要。

（五）第五个问题，关于三峡工程争论的解读和结论

由于我从事三峡相关工作，无论走到哪里，都有人问我三峡的问题。我今天主要围绕争论什么、谁在争论、争论的主要问题如何解释，向大家作一个汇报。

1. 争论什么？

围绕三峡工程，有两次大的争论。

第一次是50年代的争论，这次争论主要在党内、行政系统和专业人士之间进行，代表性事件是林一山、李锐各自组织文章，在媒体上陈述自己的观点。（李锐、张昌龄、胡慎思、陆钦侃、章冲：《查勘三峡后的几点意见》，1956年2月，长江档案馆藏，档案号A05-02-01-1698。林一山：《关于长江流域规划若干问题的商讨》，《中国水利》1956年第5期。）50年代争论的主要焦点，著名水利专家陶述曾同志总结为：一是从国民经济的发展看，需不需要兴建三峡工程；二是从国家科学技术水平看，有没有能力修建三峡工程。1958年3月25日，中央召开的成都会议通过了《中共中央关于三峡水利枢纽和长江流域规划的意见》指出:"从国家的长远经济发展和技术条件两个方面考虑,三峡水利枢纽是需要修建而且可能修建的;但是最后下决心确定修建及何时修建,要待多个重要方面的准备工作基本完成后,才能作出决定,……现在应当采取积极准备和充分可靠的方针,进行各项有关工作。"对前一段的争论作了结论。

第二次大的争论始于1984年,在中央转发《关于开展三峡工程筹备工作的报告》,决定成立三峡省之后。党内的争论扩展到社会,再加上新闻媒体推波助澜,形成了一场旷日持久的舆论战,全社会广泛参与。代表性的事件是1986年中央决定撤销三峡省筹备组,对三峡工程进行重新论证。第二次大的争论,争论的问题,潘家铮同志归结为4个方面:技术、移民、生态、经济可行性。(来源《众志绘宏图——李鹏三峡日记》)

除上述两次大的争论外,70年来小的争论无数,涉及三峡工程的方方面面。

归纳起来,三峡工程的争论集中在三个大的方面:需不需要?可不可行?值不值得?

需不需要有两个层次的问题:防洪、发电和航运是否必须修建三峡工程?可不可以找到其他替代方案?

可不可行有两个方面的问题:技术上可不可行?国力是否能承受?

值不值得主要也是两个问题:淹没几百平方公里、移民100多万人口值不值得?对生态环境有较大影响,值不值得?

2. 谁在争论?

这些年来,我一直在思考为什么三峡工程会引起这么大的争论,其他工程为什么没有这么大的争论?谁是争论的推手和力量源泉?如何解释?现在都讲模型,我找到了三个模型来解释这种现象。

(1)利益模型。

利益两个方面:国与国之间、国内各个利益主体之间。这个模型可以解释中美或中国与西方关于三峡工程的争论，三峡省的撤销，重庆市的设立，干支流水库电站谁先谁后等问题。

三峡工程的初步构想最早由孙中山先生提出，而美国水利专家约翰·卢修斯·萨凡奇（John Lucian Savage）在国民政府时期受邀参与规划工作，并提出了《扬子江三峡计划初步报告》。国民政府时期，美国政府提供支持，培训人员，帮助规划。20世纪80年代，也达成过一个协议，提供了一些资金，但在1989年后，美国对中国全面封锁，撕毁了协议。

干支流水库谁先谁后的问题，实际上是那时候水利和电力两个部各争各的利益的问题。

（2）学术模型。

学术层面的争论在各个方面展开，但最主要的问题还是生态问题。在学术界，有大坝学派、反大坝学派，有生态保护主义等等，这些学派的学术观点，影响了很多人。工程界和生态界是彼此隔离的两个世界，而且这个隔离是三重隔离，工作隔离、知识隔离、情感隔离，搞工程的和搞生态的是坐不到一条板凳上的，争论也就不可避免。

（3）乡愁模型。

如何解释大众对三峡工程争论的参与，我找到了这个模型。乡愁是人类的普遍情感，现代社会三个方面的原因，社会发展速度加快、人们离故乡的距离变远、碎片化生存，导致了人们普遍的乡愁，三峡成为人们寄托乡愁的最好意象。

一是社会大众绝大多数是非专业人士，对专家的争论无时间、无兴趣，也可能缺乏专业知识背景作研究，从根本上搞清是非，社会大众对三峡工程争论的反应是"大家反对，我也反对；因为反对，所以反对"。没有具体的理由，没有理性的思考和科学的论证。

二是三峡是自然的三峡，也是历史的三峡、文化的三峡。三峡对中国人而言，是一个意象，是一种情结。在《龙的传人》这首歌里，长江、长城、黄山、黄河是中国人、中国文化的象征,而三峡作为长江的一部分,是长江的精华所在,他的变化牵动着许多人的衷肠,他是中国人心底里最柔软的部分,可以说,三峡就是中国人的精神故乡、文化乡愁。

三是改革开放几十年,中国发生了深刻的变化,城市化使故乡面目全非,工业化造成了人类历史上规模最大的人口迁移和流动,使中国成为了现代怀旧和乡愁产生的土壤。故乡已回不去,三峡成为人们寄托乡愁的最好意象。

3．有关争论问题的基本结论

很多过去争论的问题,现在看都不是问题,比如国力能否承受,技术水平能否达到,等等,但其他问题仍然会争论下去。就几个主要问题,我汇报一下我的认识。

(1)因为防洪问题,三峡工程必须修建,不可替代。

20世纪50—60年代,洪灾每年死亡9000多人,2022年1—11月,仅仅死亡181人。主要原因是国家防洪体系的建设、防洪能力的增强。长江防洪,由于两湖萎缩,必须给长江中游洪水找出路,在三峡地区修一个水库是最经济有效的办法,因此,三峡工程必须修建。

(2)对生态环境的影响。

我们建立了世界上最大的生态环境监测系统,经过二十多年的连续观测,我个人认为三峡工程对生物多样性有一定的影响。但对长江生物的多样性的影响也是由多种原因构成的,三峡大坝只是一个因素。

(3)地震、滑坡和气候问题。

汶川等长江上游地震与三峡工程无关,西南地区气候异常与三峡工程无关,三峡工程库区岸线坍塌滑坡逐年减少,没因此死伤一人,在可控范围内。

(4)三峡工程建设质量问题。

三峡工程建设质量是所有水利工程中控制最严的,因而,我们有信心说是最好的。中国工程院院士郑守仁说,保证使用500年,我们有信心。

今天我就讲这五个问题,只是初步的研究,很不成熟,请同志们指正。下一步我们要对三峡设备制造、泥沙、移民、地灾、环保等问题做若干专题的研究,为撰写三峡工程史打好基础。

参考文献

[1] 习近平. 论坚持人与自然和谐共生 [M]. 北京：中央文献出版社, 2022.

[2] 水利部编写组. 深入学习贯彻习近平关于治水的重要论述 [M]. 北京：人民出版社, 2023.

[3] 钱正英. 钱正英水利文选 [M]. 北京：中国水利水电出版社, 2000.

[4] 陈飞. 按照新发展理念处理好长江与洞庭湖关系 [J]. 中国水利, 2019(23):1-4.

[5] 汪恕诚. 论大坝与生态 [C]. 国家能源局：中国水电100年论文集. 北京：中国电力出版社, 2010:96-100.

[6] 郑守仁. 三峡工程为长江经济带发展提高安全保障与环境保护 [J]. 人民长江, 2019,50(1)：1-6,12.

[7] 中国水利水电科学研究院. 河流伦理建构与中国实践 [M]. 北京：科学出版社, 2024.

[8] 朱伯芳. 论混凝土坝的使用寿命及实现混凝土坝超长期服役的可能性 [J]. 水利学报, 2012,43(1):1-9.

[9] 邓铭江, 黄强, 畅建霞, 等. 广义生态水利的内涵及其过程与维度 [J]. 水科学进展, 2020,31(5):775-792.

[10] 董哲仁. 论水生态系统五大生态要素特征 [J]. 水利水电技术, 2015, 46(6): 42-47.

[11] 董哲仁, 张晶, 赵进勇. 论恢复鱼类洄游通道规划方法 [J]. 水生态学杂志, 2020,41(6):1-8.

[12] 陈进. 长江梯级水库群联合调度成效、挑战及对策 [J]. 长江科学院院报, 2024,41(5):1-7.

[13] 徐薇, 金瑶, 陈桂亚, 等. 三峡水库十年生态调度（2011—2020年）期间下游沙市江段产漂流性卵鱼类自然繁殖变化 [J]. 湖泊科学, 2023,35(5):1729-

1741.

[14] 胡春宏,张晓明.我国江河演变新格局与系统保护治理[J].中国水利,2024,(7):1-8,16.

[15] 胡春宏,方春明,史红玲.三峡工程重大泥沙问题研究进展[J].中国水利,2023(19):10-16.

[16] 胡春宏,方春明,许全喜.论三峡水库"蓄清排浑"运用方式及其优化[J].水利学报,2019,50(1):2-11.

[17] 王惠英,于鲁冀.高度人工干扰流域河流环境流量分区界定研究[J].人民黄河,2018(12):21-22.

[18] 彭静,张建立,史源.国际河湖管理经验概述[J].中国水利,2023(12):11-14.

[19] 王建华,胡鹏.立足系统观念的河湖生态环境复苏认知与实践框架[J].中国水利,2022(7):36-39,56.

[20] 彭文启,刘晓波,黄伟,等.三峡工程运行安全综合监测成效与思考[J].中国水利,2023(19):35-39.

[21] 方红卫,何国建,黄磊,等.生态河流动力学研究的进展与挑战[J].水利学报,2019(1):75-87.

[22] 刘海龙,张益章,周语夏.淡水生物多样性保护背景下长江流域河流干扰度分析及展望[J].西部人居环境学刊,2022(3):33-39.

[23] 李想,刘睿,甘露,等.筑坝河流生态系统变化与响应研究[J].人民长江,2021(8):63-70.

[24] 吴乃成,唐涛,周淑婵,等.香溪河梯级小水电站对河流生态系统功能的影响[J].长江流域资源与环境,2021(6):1458-1465.

[25] 葛怀凤,陈凯麒,王东胜.大坝下游生态保护适应性管理理论框架研究[J].西北水电,2020(6):52-56.

[26] 廖迎娣,范俊浩,张欢,等.长江下游平原河网地区生态护岸对河流生态系统影响的评价指标体系[J].水资源保护,2022(4):189-194.

[27] 褚明华,李荣波,闫永鎏.三峡水库优化调度实践与思考[J].中国水

利,2023(22):22-26.

[28] 韩博平.中国水库生态学研究的回顾与展望[J].湖泊科学,2010,22(02):151-160.

[29] 陈求稳,张建云,莫康乐,等.水电工程水生态环境效应评价方法与调控措施[J].水科学进展,2020,31(5):793-810.

[30] 姜昊,彭期冬,陆波,等.水库湖沼学:生态学的观点[M].北京:中国水利水电出版社,2024.

[31] 杨海乐,沈丽,何勇凤,等.长江水生生物资源与环境本底状况调查(2017—2021年)[J].水产学报,2023,47(2):3-30.

[32] 刘畅,刘晓波,周怀东,等.水库缺氧区时空演化特征及驱动因素分析[J].水利学报,2019,50(12):1479-1490.

[33] 董飞,马冰,彭文启,等.分层湖库温跃层溶解氧极值现象研究进展[J].环境科学研究,2022,35(12):2702-2715.

[34] 周建军,张曼,李哲.长江上游水库改变干流磷通量、效应与修复对策[J].湖泊科学,2018,30(4):865-880.

[35] 田世民,江恩慧,王远见,等.基于黄河流域系统治理的水库多目标调度约束阈值研究[J].水利学报,2024,55(6):631-642,665.

[36] 王丽婧,李虹,杨正健,等.三峡水库蓄水运行初期(2003—2012年)水环境演变特征的"四大效应"[J].环境科学研究,2020,33(5):1109-1118.

[37] 林莉,董磊,潘雄,等.三峡水库蓄水后库区水沙变化及其生态环境响应特征[J].湖泊科学,2023,35(2):411-423.

[38] 龙良红,黄宇擘,徐慧,等.近20年来三峡水库水动力特性及其水环境效应研究:回顾与展望[J].湖泊科学,2023,35(2):383-399.

[39] 李姗泽,邓玥,施凤宁,等.水库消落带研究进展[J].湿地科学,2019,17(6):689-696.

[40] 张闻松,宋春桥.中国湖泊分布与变化:全国尺度遥感监测研究进展与新编目[J].遥感学报,2022,26(1):92-103.

[41] 张伟,翟东东,熊飞,等.三峡库区鱼类群落结构和功能多样性[J].生物多样性,2023,31(2):87-99.

[42] 张迪,徐薇,吴凡,等.面向产漂流性卵鱼类的三峡水库生态调度效果评价[J].水生态学杂志,2024,45(1):58-66.

[43] 叶少文,杨洪斌,陈永柏,等.三峡水库生态渔业发展策略与关键技术研究分析[J].水生生物学报,2015,39(5):1035-1040.

[44] 王远见,王强,刘彦晖,等.小浪底水库运行以来对黄河下游河道河床演变特性的影响[J].水利学报,2024,55(5):505-515.

[45] 陈志刚,程琳,陈宇顺.水库生态调度现状与展望[J].人民长江,2020,51(1):94-103,123.

[46] 袁子文,刘长俭.尽快开工建设三峡枢纽水运新通道推动长江经济带高质量发展[J].中国水运,2019(7):17-19.

[47] 胡振鹏.调节鄱阳湖枯水位维护江湖健康[J].江西水利科技,2009(2):82-86.

[48] 周建军,张曼.长江鄱阳湖问题的原因及湖口建闸的影响[J].水资源保护,2019,35(2):1-12.

[49] 江丰,齐述华,廖富强,等.2001—2010年鄱阳湖采砂规模及其水文泥沙效应[J].地理学报,2015,70(5):837-845.

[50] 廖智,蒋志兵,熊强.鄱阳湖不同时期冲淤变化分析[J].江西水利科技,2015,41(6):419-424.

[51] 欧阳千林,王婧,司武卫,等.鄱阳湖入江水道冲淤变化特征[J].水资源保护,2018,34(6):64-68.

[52] 周建军,张曼.长江鄱阳湖问题的原因及湖口建闸的影响[J].水资源保护,2019,35(2):1-12.

[53] 万荣荣,杨桂山,王晓龙,等.长江中游通江湖泊江湖关系研究进展[J].湖泊科学,2014,26(1):1-8.

[54] 孙斌.中国的国际重要湿地[J].生物学教学,2001,26(6):36-37.

[55] 王延贵,胡春宏,刘茜,等.长江上游水沙特性变化与人类活动的影响[J].泥

沙研究,2016(1):1-8.

[56] 金兴平,许全喜.长江上游水库群联合调度中的泥沙问题[J].人民长江,2018,49(3):1-8,31.

[57] 许全喜,朱玲玲,袁晶.长江中下游水沙与河床冲淤变化特性研究[J].人民长江,2013,44(23):16-21.

[58] 陈敏.长江流域水库生态调度成效与建议[J].长江技术经济,2018,2(2):36-40.

[59] 段辛斌,陈大庆,刘绍平,等.长江三峡库区鱼类资源现状的研究[J].水生生物学报,2002,26(6):605-611.

[60] 吴强,段辛斌,徐树英,等.长江三峡库区蓄水后鱼类资源现状[J].淡水渔业,2007(2):70-75.

[61] 廖小林,朱滨,常剑波.中华鲟物种保护研究[J].人民长江,2017,48(11):16-20,35.

[62] 蔡玉鹏,杨志,徐薇.三峡水库蓄水后水温变化对四大家鱼自然繁殖的影响[J].工程科学与技术,2017,49(1):70-77.

[63] 邓铭江,黄强,畅建霞,等.广义生态水利的内涵及其过程与维度[J].水科学进展,2020,31(5):775-792.

[64] 蔡其华.三峡工程防洪与调度[J].中国工程科学,2011,13(7):15-19,37.

[65] 侯俊.三峡工程运行安全综合监测信息管理系统的建设与应用[J].行政事业资产与财务,2023(16):110-111.

[66] 李五勤,王彤彤.浅谈调水工程管理制度体系的建立和完善[J].水利建设与管理,2020,40(11):46-49.

[67] 尚全民,褚明华,闫永銮,等.2020年全国水库防洪调度实践与思考[J].中国防汛抗旱,2020,30(12):1-4,24.

[68] 潘庆燊.三峡工程泥沙问题研究60年回顾[J].人民长江,2017,48(21):18-22.

[69] 黄艳.长江流域水工程联合调度方案的实践与思考——2020年防洪调度[J].人民长江,2020,51(12):116-128,134.

[70] 黄伟,彭文启,向晨光,等.跨流域调水工程水量水质保护关键技术研究[J].

环境影响评价,2019,41(6):12-15,32.

[71] 陈桂亚.三峡水库对城陵矶防洪补偿库容释放条件分析[J].人民长江,2020,51(3):1-5,30.

[72] 许全喜,董炳江,张为.2020年长江中下游干流河道冲淤变化特点及分析[J].人民长江,2021,52(12):1-8.

[73] 文小浩,张勇传,钮新强,等.溪洛渡、向家坝水库配合三峡水库对城陵矶防洪调度优化研究[J].水电能源科学,2022,40(6):71-74.

[74] 胡维忠,干乐,刘佳明.长江流域防洪工程体系能力提升建设思路[J].中国水利,2022(5):31-34.

[75] 余慧,刘阳哲.数字孪生三峡建设思考与实践[J].中国水利,2022(23):39-42.

[76] 姜大川,韩沂桦,杨晓茹,等.三峡工程高质量发展概念内涵和实施路径研究[J].中国水利,2023(4):47-50.

[77] 杨怀仁,谢志仁.气候变化与海面升降的过程和趋向[J].地理学报,1984,39(1):20-32.

[78] 杨达源.晚更新世冰期最盛时长江中下游地区的古环境[J].地理学报,1986,41(4):302-310.

[79] 方金琪.冰后期海面上升对长江中下游影响的探讨[J].地理学报,1991,58(4):427-435.

[80] 周凤琴.云梦泽与荆江三角洲的历史变迁[J].湖泊科学,1994,6(1):22-32.

[81] 王晓翠,朱诚,吴立,等.湖北江汉平原JZ-2010剖面沉积物粒度特征与环境演变[J].湖泊科学,2012,24(3):480-486.

[82] 王红星.长江中游地区新石器时代遗址分布规律、文化中心的转移与环境变迁的关系[J].江汉考古,1998(1):3-5.

[83] 石泉,蔡述明.古云梦泽研究[M].武汉:湖北教育出版社,1996.

[84] 余文畴.长江河道探索与思考[M].北京:中国水利水电出版社,2017.

[85] 毛北平,吴忠明,梅军亚,等.三峡工程蓄水以来长江与洞庭湖汇流关系变化[J].水力发电学报,2013,32(5):48-57.

[86] 方春明, 曹文洪, 毛继新, 等. 鄱阳湖与长江关系及三峡蓄水的影响[J]. 水利学报, 2012,43(2):175-181.

[87] 赵修江, 孙志禹, 高勇. 三峡水库运行对鄱阳湖水位和生态的影响[J]. 三峡论坛, 2010(5):19-22.

[88] 许继军, 陈进. 三峡水库运行对鄱阳湖影响及对策研究[J]. 水利学报, 2013,44(7):757-763.

[89] 胡振鹏, 傅静. 长江与鄱阳湖水文关系及其演变的定量分析[J]. 水利学报, 2018,49(5):570-579.

[90] 赵军凯, 李立现, 张爱社, 等. 再论河湖连通关系[J]. 华东师范大学学报(自然科学版), 2016(4):118-128.

[91] 万荣荣, 杨桂山, 王晓龙, 等. 长江中游通江湖泊江湖关系研究进展[J]. 湖泊科学, 2014(1):1-8.

[92] 卢金友, 姚仕明. 水库群联合作用下长江中下游江湖关系响应机制[J]. 水利学报, 2018,49(1):36-46.

[93] 朱华颖, 王贤, 黄艳. 长江为何"无鱼"[J]. 瞭望, 2017(2):27-28.

[94] 仲志余. 蓄泄兼筹 以泄为主 洪行其道 江湖两利[N]. 中国应急管理报. 2020-9-5.

[95] 卢金友, 赵瑾琼. 长江流域梯级枢纽泥沙调控关键技术[J]. 长江科学院院报, 2021,38(1):1-7.

[96] 鲍正风, 李冉, 郭乐, 等. 长江三峡水库消落期供水需求调度分析及对策[J]. 水电与新能源, 2014(8):68-71.

[97] 陈建, 李义天, 孙东坡, 邓金运. 水库调度方式对三峡水库泥沙淤积的影响[J]. 武汉大学学报(工学版)(5):18-22.

[98] 陈守煜. 防洪调度多目标决策理论与模型[J]. 中国工程科学, 2000, 2(2):47-52.

[99] 金兴平, 许全喜. 长江上游水库群联合调度中的泥沙问题[J]. 人民长江, 2018, 49(3): 1-8, 31.

[100] 李安强, 张建云, 仲志余, 等. 长江流域上游控制性水库群联合防洪调度研究 [J]. 水利学报, 2013(1):59-66.

[101] 李学贵, 袁杰, 刘志武. 三峡工程的防洪调度运用与风险分析 [J]. 水电能源科学, 2007(5):44-46.

[102] 练继建, 姚烨, 马超. 香溪河春季突发水华事件的应急调度策略 [J]. 天津大学学报 (自然科学与工程技术版), 2013(4):291-297.

[103] 林秉南, 周建军. 三峡工程泥沙调度 [J]. 中国工程科学, 2004(4):33-36.

[104] 刘丹雅. 三峡及长江上游水库群水资源综合利用调度研究 [J]. 人民长江, 2010(15):9-13.

[105] 陆佑楣, 胡岱松. 三峡工程的防洪与发电 [J]. 电网与清洁能源, 2011, 27(3):1-2.

[106] 钮新强, 谭培伦. 三峡工程生态调度的若干探讨 [J]. 中国水利, 2006(14):8-10.

[107] 任明磊, 丁留谦, 何晓燕. 流域水工程防洪调度的认识与思考 [J]. 中国防汛抗旱, 2020, 30(3):37-40.

[108] 谈广鸣, 郜国明, 王远见, 等. 基于水库-河道耦合关系的水库水沙联合调度模型研究与应用 [J]. 水利学报, 2018, 49(7):795-802.

[109] 谭界雄, 任翔, 李麒. 论新时代水库大坝安全 [J]. 人民长江, 2021(5):149-153.

[110] 王方方, 鲍正风, 许浩. 气候变化对三峡水库运行调度的影响及对策研究 [J]. 水电与新能源, 2019, v.33;No.177(3):25-29.

[111] 王海潮, 蒋云钟, 鲁帆, 等. 国外跨流域调水工程对南水北调中线运行调度的启示 [J]. 水利水电科技进展, 2008, 28(2):79-83.

[112] 王建平, 丁海容, 向熊. 长江宜昌段水上交通应急管理工作调研报告 [J]. 中国应急管理, 2016, No.110(2):70-73.

[113] 王昭升, 盛金保. 基于风险理论的大坝安全评价研究 [J]. 人民黄河, 2011(3):104-106.

[114] 吴国斌. 三峡坝区突发公共事件决策模式构建研究 [J]. 武汉理工大学学报

(社会科学版), 2007(5):590-594.

[115] 许全喜, 朱玲玲, 袁晶. 长江中下游水沙与河床冲淤变化特性研究 [J]. 人民长江, 2013, 44(23): 16-21.

[116] 杨震宇, 付湘, 孙昭华. 三峡水库中小洪水调度性能风险评估 [J]. 人民长江, 2019, 50(9):30-34,47.

[117] 余文公, 夏自强, 李强, 等. 三峡水库主汛期后生态调度措施研究 [J]. 人民长江, 2007, 38(11):202-204.

[118] 袁超, 陈永柏. 三峡水库生态调度的适应性管理研究 [J]. 长江流域资源与环境, 2011, 20(3):269-275.

[119] 袁子文, 刘长俭. 尽快开工建设三峡枢纽水运新通道 推动长江经济带高质量发展 [J]. 中国水运, 2019(7): 17-19.

[120] 张曙光, 周曼. 三峡枢纽水库运行调度 [J]. 中国工程科学, 2011(7):61-65.

[121] 张先平, 鲁军, 邢龙, 等. 三峡—葛洲坝梯级水库兼顾航运需求的调度方式 [J]. 人民长江, 2018, 49(13):31-37.

[122] 赵文焕, 李荣波, 訾丽. 长江流域水库群风险防洪调度分析 [J]. 人民长江, 2020, v.51;No.673(12):139-144,182.

[123] 周建中, 李纯龙, 陈芳, 等. 面向航运和发电的三峡梯级汛期综合运用 [J]. 水利学报, 2017, 48(1):31-40.

[124] 周曼, 黄仁勇, 徐涛. 三峡水库库尾泥沙减淤调度研究与实践 [J]. 水力发电学报, 2015, 34(4):98-104.

[125] 周雪, 王珂, 陈大庆, 等. 三峡水库生态调度对长江监利江段四大家鱼早期资源的影响 [J]. 水产学报, 2019(8):1781-1789.